Eine spielerische Reise in die geometrische Topologie

Ton Marar

Eine spielerische Reise in die geometrische Topologie

 Springer Spektrum

Ton Marar (ID)
ICMC
University of São Paulo at São Carlos
São Carlos, São Paulo, Brazil

ISBN 978-3-031-56104-7   ISBN 978-3-031-56105-4   (eBook)
https://doi.org/10.1007/978-3-031-56105-4

Die Deutsche Nationalbibliothek verzeichnet diese Publikation in der Deutschen Nationalbibliografie; detaillierte bibliografische Daten sind im Internet über https://portal.dnb.de abrufbar.

Planung/Lektorat: Robinson dos Santos
Springer Spektrum ist ein Imprint der eingetragenen Gesellschaft Springer Nature Switzerland AG und ist ein Teil von Springer Nature.
Die Anschrift der Gesellschaft ist: Gewerbestrasse 11, 6330 Cham, Switzerland

An Agnaldo Aricê Caldas Farias, Lehrer

Geleitwort

In der Geschichte des westlichen Denkens geht die Geometrie Hand in Hand
mit der Philosophie. Aus einer Handvoll Techniken, die laut Herodot um 1300 v.
Chr. von den Landvermessern des Niltales erfunden wurden, wurde sie über Jahrhunderte hinweg zur Brücke zwischen der Welt der Ideen und der Welt der Dinge.
In ihrer Gesamtheit ist diese Disziplin facettenreich und deckt ein Spektrum an
Theorien auf, die alle auf die Notwendigkeit hinweisen, den physischen Raum in
seinen vielfältigsten Aspekten darzustellen und zu studieren.

Ton Marar, der Autor dieses Buches, führt uns an der Hand durch die
komplexen Pfade dieser alten Wissenschaft, die heutzutage unverzichtbar für das
Verständnis unseres Universums ist. In diesen modernen theoretischen Wunder-
werken findet der neugierige Leser viele Juwelen, wie die Klassifizierung der
platonischen Körper und die der Flächen, das Konzept der Orientierbarkeit und
viele andere Ideen und Anregungen für zukünftige Reisen in ein faszinierendes,
aber sicherlich unwegsames Gebiet.

São Carlos, Brazil   Igor Mencattini
February 2022

Vorwort

In dem berühmten Videospiel der 1980er Jahre bewegt sich die Figur Pac-Man auf einem rechteckigen Bildschirm in zwei senkrechten Richtungen, nach unten oder oben und nach links oder rechts. Pac-Mans Universum ist zweidimensional, und er weiß daher nicht, wie es ist, sich nach vorn oder nach hinten zu bewegen. Darüber hinaus erscheint Pac-Man, wenn er den linken Rand des Bildschirms überquert, auf der gleichen Höhe am rechten Rand. Ähnliches passiert, wenn er die horizontalen Ränder überquert.

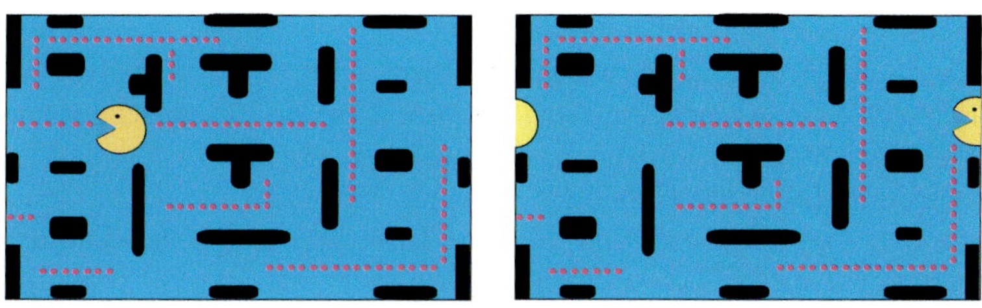

Pac-Mans zweidimensionale Welt ist in eine Fläche ohne Grenze eingebettet, eine endlose Fläche in Form eines Donuts. Diese Fläche oder Oberfläche wird als Torus bezeichnet.

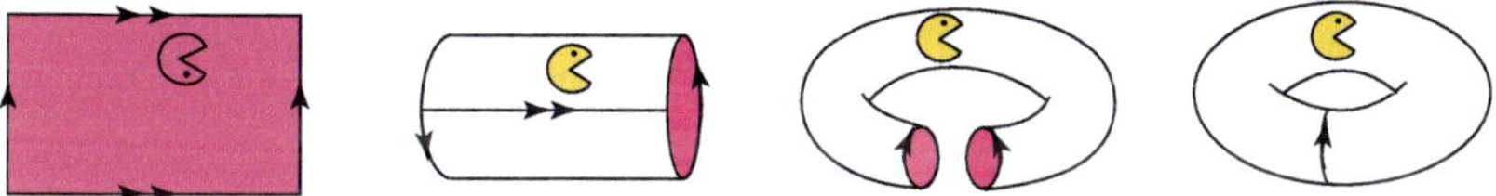

Wie könnte Pac-Man die torische Form seiner Welt verstehen? Für ihn ist die dritte Dimension ein esoterischer Raum. Er kann seine zweidimensionale Welt nicht verlassen und sie im dreidimensionalen Raum genießen, so wie wir es tun. Pac-Man ist auf seine zweidimensionale Welt beschränkt, und die einzige Chance für ihn, die Form seiner Welt zu verstehen, liegt in der Deduktion, einer intellektuellen Aktivität jenseits der physischen Wahrnehmung.

Unsere Situation ist nicht viel anders. Wir wissen wenig über die Form des Universums, in dem wir leben. Ist unser Universum unendlich? Wenn es endlich ist, darf es keine Grenze haben, den sonst käme die Frage „was ist jenseits der Grenze?"

Es gibt keine Möglichkeit, dieses Universum zu verlassen, um seine Form von außen wahrzunehmen, wie wir es mit der Welt von Pac-Man getan haben. Wir werden die Form des Universums ableiten müssen.

Um dieses große Rätsel zu lösen, ist Mathematik, oder genauer gesagt Geometrie, grundlegend.

Es war einfach, die Form von Pac-Mans Universum zu bestimmen. Wir mussten nur einige physische Informationen aus dieser Welt sammeln, was bedeutete, die vertikalen Kanten und die horizontalen Kanten des Rechtecks zusammenzufügen, in dem Pac-Man sein Leben führt. Dann haben wir durch eine zusätzliche Dimension schließlich die Form von Pac-Mans zweidimensionaler Welt ohne Grenze sehen können.

Analog dazu würde es aufgrund der Dreidimensionalität unseres Universums mindestens eine zusätzliche Dimension erfordern, um seine Form *sehen* zu können: eine vierte Dimension.

In diesem Buch wird gezeigt, wie man eine gewisse Sensibilität entwickelt, um bestimmte dreidimensionale Objekte ohne Grenze zu sehen, die wir Hyperflächen nennen.

Ist unser Universum eine Hyperfläche? Astrophysiker haben die Aufgabe, das Universum geometrisch zu beschreiben, und einige von ihnen glauben, dass das Universum durch eine Hyperfläche modelliert wird, wie beispielsweise Jean-Paul Luminet 2003 in einem Aufsatz in *Nature* über „dodekaedrische Raumtopologie" und die „Mikrowellen-Hintergrundstrahlung" beschreibt.

Wenn eines Tages die Hypothese bestätigt wird, dass unser Universum tatsächlich eine Hyperfläche ist und wir eine Liste aller möglichen Formen dreidimensionaler Objekte haben, dann können wir mit einigen physikalischen Informationen endlich die Form des Universums ableiten – wer weiß?

In Kap. 1 befassen wir uns mit mathematischen Modellen, die Allegorien sind, die es erlauben, die abstrakte Mathematik zur Interpretation von Phänomenen und zur Lösung von Problemen zu verwenden.

Kap. 2 beschreibt, wie platonische und keplersche Theorien versuchen, das Universum mit einer Mischung aus Mathematik und Glauben zu erklären.

Eine kurze Darstellung von Geometrien aus der Sicht von Felix Klein findet sich in Kap. 3.

Kap. 4 bietet eine Einführung in die Topologie als einer Art von Geometrie. Wir präsentieren die Klassifizierung von endlich großen, randlosen zweidimensionalen Objekten, die als geschlossene Flächen bezeichnet werden. Diese Flächen werden in zwei Klassen unterteilt, nämlich orientierbare und nicht orientierbare. Die ersten haben zwei Seiten, sie definieren ein Inneres und ein Äußeres, während die anderen, die nicht orientierbaren, alle ein Möbiusband enthalten, das eine einseitige Fläche ist.

Es gibt mehrere Wissensbereiche, die die topologische Klassifizierung von geschlossenen Flächen nutzen. Am 3. Oktober 2016 wurde der Nobelpreis für Physik an ein Trio von britischen Materialwissenschaftlern verliehen. In ihrer Arbeit über topologische Phasenübergänge und topologische Phasen der Materie werden bestimmte exotische Materiezustände (jenseits von fest, flüssig und gasförmig) beschrieben, die bei extremen Temperaturen auftreten. Die Autoren verwenden in ihrer Forschung die topologische Klassifizierung geschlossener Flächen. Ihr praktisches Ergebnis ist eine Reihe neuer supraleitender Materialien.

Bei der Klassifizierung geschlossener Flächen wird die Schwierigkeit deutlich, eine topologische Klassifizierung von Hyperflächen zu erhalten. Diese geometrischen Objekte existieren in hochdimensionalen Räumen mit mindestens vier Dimensionen. Deshalb wird in Kap. 5. die vierte Dimension eingeführt.

Dreidimensionale Modelle von nicht orientierbaren geschlossenen Flächen werden in Kap. 6 behandelt, während das letzte Kapitel einige Hyperflächen-Modelle diskutiert.

Ich möchte meinen Studentinnen und Studenten aus dem Fachbereich Mathematik für Architektur im Studiengang Architektur und Urbanismus an der IAU-USP, São Carlos, Brasilien, danken, die mich jahrzehntelang motiviert haben, dieses Buch zu schreiben. Dank gebührt auch vielen meiner Kollegen, darunter Carlos Martins, David Sperling und Marcelo Suzuki von der IAU-USP; Tiago Pereira, Igor Mencattini, Farid Tari und Ali Tahzibi vom ICMC-USP; Flávio Coelho und Paolo Piccione vom IME-USP; Stefano Luzzatto vom ICTP, Triest; und Robinson dos Santos und Martin Peters von Springer. Die Präsentation mehrerer Kapitel hat sich erheblich verbessert, nachdem Alessandra Pavesi das Buch sorgfältig gelesen hat, wofür ich ihr ewig dankbar bin.

São Carlos, Brasilien   Ton Marar
Februar 2022

Inhaltsverzeichnis

Kapitel 1
Mathematische Modelle

Entgegen der Annahme, dass die Mathematik eine Sammlung von Techniken zur Problemlösung ist, liefert der Historiker und Mathematiker Morris Kline (1908–1992) die folgende Beschreibung: *Mathematik ist mehr als eine Methode, eine Kunst und eine Sprache. Es ist ein Wissenskörper mit Inhalten, die dem Physiker und Sozialwissenschaftler, dem Philosophen, dem Logiker und dem Künstler dienen; Inhalte, die die Lehren von Staatsmännern und Theologen beeinflussen; Inhalte, die die Neugier des Mannes befriedigen, der den Himmel betrachtet und des Mannes, der über die Süße der musikalischen Klänge nachdenkt; und Inhalte, die unbestreitbar, wenn auch manchmal unmerklich, den Lauf der modernen Geschichte geprägt haben* [2, S. 9].

Dieser „Wissenskörper" wird seit Jahrtausenden aufgebaut. Die Mathematiker beteiligen sich an diesem Prozess hauptsächlich aus Neugier – wie ein Bergsteiger, der einen Berg besteigt, weil er da ist. Aber auch praktische Fragen haben die theoretische Entwicklung der Mathematik von Anfang an motiviert.

Die Tätigkeit von Forschern in der Mathematik ist rein intellektuell. Da alles in der perfekten Welt der Ideen geschieht, ist sie vom Prinzip her nicht mit unserer physischen Welt verbunden. Die Schlussfolgerungen der Mathematik in Form von Theoremen werden mit logischen Argumenten verteidigt, um Ungläubige zu überzeugen. Die Summe der Argumente ist der Beweis des Theorems. Oft stoppt der Beweis aber nicht die Neugier, einen neuen Beweis für dasselbe Theorem zu finden, der objektiver und schöner ist, wobei sich die Schönheit auch an der möglichst geringen Zahl der Argumente misst.

Wie ist es möglich, daß die Mathematik, die doch ein von aller Erfahrung unabhängiges Produkt des menschlichen Denkens ist, auf die Gegenstände der Wirklichkeit so vortrefflich paßt? [1, S. 3] fragte Albert Einstein (1879–1955) verblüfft.

Modelle begleiten uns seit unserer Kindheit, einige sorgen sogar für Vergnügen. Vielleicht hat ein Steckenpferd die Rolle eines richtigen Pferdes gespielt? In diesem Fall ist es ein physisches Modell, das einem echten Pferd nicht sehr nahe kommt.

© Der/die Autor(en), exklusiv lizenziert an Springer Nature Switzerland AG 2024
T. Marar, *Eine spielerische Reise in die geometrische Topologie*,
https://doi.org/10.1007/978-3-031-56105-4_1

Neben physischen Modellen gibt es konzeptuelle Modelle. Das konzeptuelle Modell einer massiven Sphäre, auch Vollkugel oder Kugelkörper genannt, sieht beispielsweise so aus: Es ist der Ort der Punkte im dreidimensionalen Raum, deren Abstände zu einem gegebenen Punkt (dem Mittelpunkt der Sphäre) kleiner oder gleich einem gegebenen Maß (dem Radius der Sphäre) sind. Das Adjektiv „massiv" unterscheidet dieses dreidimensionale Objekt von der zweidimensionalen Sphäre, die zweidimensional ist, weil sie nur aus der Oberfläche der Vollkugel besteht, einer Fläche ohne Dicke.

Wenn auf der einen Seite eine Murmel ein physisches Modell einer Vollkugel ist, ist auf der anderen Seite eine Vollkugel ein konzeptuelles Modell der Murmel. Sind die Prinzipien, die ein konzeptuelles Modell definieren, mathematisch basiert, wird das Modell als mathematisches Modell bezeichnet.

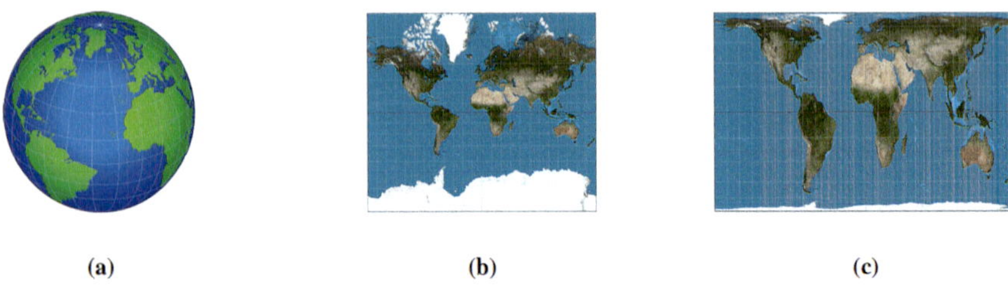

(a)   (b)   (c)

Abb. 1.1 (a) Globus (b) Mercator (c) Gall-Peters

Ein Globus (Abb. 1.1a) ist ein physisches Modell unseres Planeten, der eine Vollkugel zum mathematischen Modell hat. Die von Mathematikern konzipierte Kugel ist ein perfekt homogenes geometrisches Objekt, das in der Natur nicht existiert und Eigenschaften hat, die sich stark von denen unseres Planeten unterscheiden. Aus weiter Ferne betrachtet mag die Erde sogar wie eine Kugel aussehen, aber wir, die auf ihrer Fläche mit ihren Flüssen und Bergen leben, wissen, dass unser Planet weit davon entfernt ist, eine Kugel zu sein. Für bestimmte Zwecke und auch aus ästhetischen Gründen ist die Kugel jedoch ein geeignetes Modell für die Erde. Die Perfektion des geometrischen Objekts „Kugel" gefällt uns und wird vielleicht aus diesem Grund seit der Antike als gutes Modell für unseren Planeten betrachtet.

Eine Weltkarte, die durch eine Projektion des Globus auf ein Blatt Papier entsteht, ist eine Darstellung des Planeten, die am besten dafür geeignet ist, auf die Seiten eines Buches zu passen. Es gibt verschiedene Projektionen, die verschiedene Darstellungen erzeugen: Am verbreitetsten ist die Mercator-Projektion (Abb. 1.1b). Sie verfälscht aber Form und Größe der Länder und Territorien. Alaska scheint die gleiche Fläche wie Brasilien zu haben, obwohl Brasilien in Wirklichkeit fünfmal größer ist. Eine andere Projektion, die Gall-Peters-Projektion (Abb. 1.1c), berücksichtigt die Fläche der Länder, lässt sie aber für uns, die wir an die Mercator-Projektion gewöhnt sind, seltsam aussehen.

Nach der Wahl des US-Präsidenten Anfang 2017 wurde eine Reihe von Unwahrheiten in Umlauf gebracht, die den freundlichen Namen „Fake News" erhielten. Als Gegner solcher Unwahrheiten beschloss das Erziehungsdepartment der Stadt Boston, seine öffentlichen Schulen zur Gall-Peters-Projektion zu verpflichten, um einen Geographieunterricht zu unterstützen, der näher an der Realität liegt, zumindest was die territorialen Flächen betrifft. Vielleicht zeigt dies den Anfang vom Ende der fast 500-jährigen Herrschaft der Mercator-Projektion, die uns über die relativen Flächen der Länder täuscht, genauso wie wir eines Tages getäuscht wurden, als uns ein Steckenpferd das echte Pferd ersetzen musste.

Modelle, die auch Repräsentationen oder Darstellungen genannt werden, schaffen eine Verbindung zwischen einem abstrakten und einem physischen Raum. Dieser Übergang vom Abstrakten zum Konkreten und umgekehrt erfordert bestimmte Vereinbarungen, die Gegenstand tiefer logisch-philosophischer Diskussionen sind.

Betrachten wir die Darstellung einer Ebene der euklidischen Geometrie! Ein Blatt Papier dient als Modell für einen Teil dieses zweidimensionalen Raums, da seine Dicke im Vergleich zu seiner Breite und Länge vernachlässigbar ist. Das Blatt besteht in dieser Vorstellung wie der abstrakte zweidimensionale Raum aus unendlich vielen Punkten. Während wir auf dem Blatt zwei Punkte mit einem Stift markieren und eine Gerade zwischen ihnen zeichnen, unterscheiden wir im abstrakten Raum zwei Punkte, die eine Strecke bilden. Ein Kreis in der Ebene ist die Gesamtzahl der Punkte, die von einem festen Punkt, dem Mittelpunkt des Kreises, gleich weit entfernt sind. Die Gesamtzahl der Punkte im Inneren des Kreises bezeichnen wir als Kreisfläche oder -scheibe. Auf unserem Blatt Papier zeichnen wir einen Kreis und füllen das Innere aus, um die Scheibe zu markieren. Der abstrakte zweidimensionale Raum, der auf dem Papier dargestellt wird, ist der Ort, an dem all diese Linien und Figuren existieren.

Wir können auf dem Blatt Papier neben einem guten Modell einer euklidischen Ebene auch Objekte darstellen, die in der dritten Dimension existieren. So kann beispielsweise ein Würfel auf dem Blatt dargestellt werden, aber wir müssen uns auf bestimmte Darstellungsmittel einigen. In diesem Fall verwenden wir die Perspektive und gestrichelte Linien, um die Kanten des Objekts zu kennzeichnen, die dem Auge des Beobachters verborgen sind. Aber das war nicht immer so: Die Perspektive wird erst seit dem 15. Jahrhundert in geometrischer Strenge angewendet.

Gute Darstellungen zu schaffen, ist eine Kunst. „Gut" heißt, dass sie die Hauptmerkmale dessen aufweisen, das man darstellen möchte, und es heißt, dass sie auf vernünftige Weise einfach sind. Ein solches Vorgehen ist in der Mathematik, insbesondere in der Geometrie, weit entwickelt. Auch in der Algebra ist die numerische Darstellung erst nach mehreren Zwischenperioden bis zur aktuellen Symbolik gelangt. Stellen wir uns vor, immer noch römische Zahlen anstelle von arabischen Zahlen zu verwenden! Die Zahl 888 würde in römischen Zahlen durch die zwölf Buchstaben *DCCCLXXXVIII* ausgedrückt.

Die Kartographie zeichnet sich durch eine besonders sorgfältige Darstellung aus, wie es in der Kurzgeschichte *Von der Strenge der Wissenschaft* von Jorge Luis Borges (1899–1986) auf den Punkt gebracht wird: *In jenem Reich erreichte die Kunst der Kartographie eine solche Vollkommenheit, daß die Karte einer einzigen Provinz den Raum einer Stadt einnahm und die Karte des Reichs den einer Provinz. Mit der Zeit befriedigten diese maßlosen Karten nicht länger, und die Kol-*

legs der Kartographen erstellten eine Karte des Reichs, die die Größe des Reichs besaß und sich mit ihm in jedem Punkt deckte. [6, S. 121] Im Jahr 1982 beschrieb Umberto Eco (1932–2016) Details aus Borges' Kurzgeschichte in seiner Schrift *Die Karte des Reiches im Maßstab 1:1* [7]. Aber bereits 1893, lange bevor Borges und Eco geboren wurden, hatte Charles Dodgson (1832–1898), besser bekannt als Lewis Carroll, den Roman *Sylvie und Bruno* veröffentlicht, in dem auch eine Karte in Betracht gezogen wird, auf der eine Meile einer Meile in der Natur entspricht. Sie wird aber nie ausgebreitet, da die Bauern einwenden, dass eine solche Karte das ganze Land bedecken und das Sonnenlicht ausschließen würde!

Beim Erstellen eines mathematischen Modells muss darauf geachtet werden, die Details nicht zu übertreiben. Je ausgefeilter das Modell ist, also je mehr es der in Frage stehenden Realität gleicht, umso komplexer ist die Mathematik, die benötigt wird, um damit umzugehen.

Ein bemerkenswertes Beispiel für eine mathematische Modellierung ereignete sich gegen 1667 in England, als ein reifer Apfel vom Baum fiel und einem Gelehrten der Universität Cambridge auf den Kopf traf. Der Legende nach hat der von dem reifen Apfel Getroffene unmittelbar nach dem Unfall begonnen, die Bewegung fallender Körper zu beschreiben. Seine Theorie, die bei den Wissenschaftlern damals auf Unglauben stieß, revolutionierte unser Verständnis bestimmter Phänomene, die nahe der Oberfläche unseres Planeten auftreten, sowie einiger Aspekte des Kosmos. Sicherlich fielen viele reife Äpfel auf die Köpfe der Bewohner dieser Insel, aber es war der Apfel, der Isaac Newtons (1643–1727) Kopf traf (Abb. 1.2a), der so viel Wissen hervorbrachte.

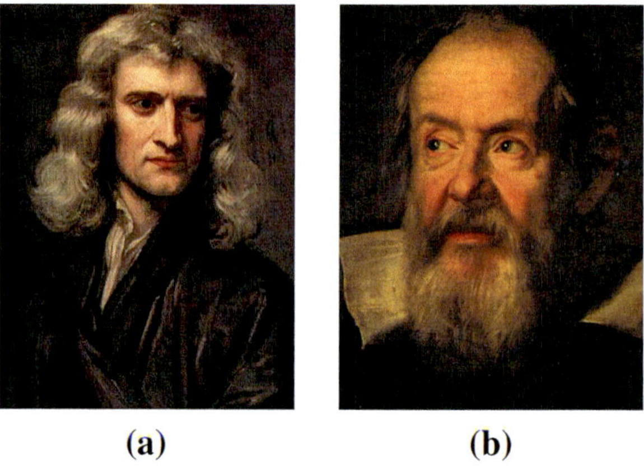

Abb. 1.2 (a) Newton   (b) Galileo

Das erste von Newton vorgestellte mathematische Modell zur Beschreibung eines fallenden Objekts war recht einfach: Die gesamte Masse des Objekts war in einem Punkt konzentriert (dem euklidischen Punkt der reinen Mathematik) und einer einzigen Kraft ausgesetzt, die Newton Schwerkraft nannte. Sie zieht das fallende Objekt zum Mittelpunkt der Erdkugel. Man weiß aber, dass dieses Modell bereits Jahrzehnte vor Newton von Galileo Galilei (1564–1642) (Abb. 1.2b) formuliert worden war. Tatsächlich folgen aus Galileis Überlegungen die heute als Newtons erstes und zweites Gesetz der Bewegung bekannten Gesetze: das Trägheitsgesetz und $F = m\,a$. In seinen *Mathematischen Principien* der Bewegung von Objekten bekannte Newton, wenn auch zögerlich, dass Galilei der ursprüngliche Autor dieser beiden Gesetze war [5, S. 39]. Das Trägheitsgesetz besagt, dass ein Objekt in Ruhe bleibt oder sich gleichförmig und unbeschleunigt bewegt, es sei denn, eine äußere Kraft wirkt auf das Objekt. Dieses Gesetz führt zum Konzept der Masse. Das zweite Gesetz besagt, dass die Kraft gleich der Masse mal Beschleunigung ist.

Mit diesem einfachen Modell kann die Bewegung eines fallenden Objekts zu jedem Zeitpunkt des Falls beschrieben werden. Bei dem Apfel, dessen Anfangsgeschwindigkeit beim Lösen vom Baum gleich Null ist, wäre die Geschwindigkeit v nach t Sekunden Galilei zufolge $v = g\,t$, wobei g eine Konstante ist, die Newton Schwerebeschleunigung nannte. Die Geschwindigkeit nimmt proportional mit der Zeit zu, die Proportionalitätskonstante ist g.

Eines der Probleme mit diesem einfachen Modell ist, dass ein schweres Objekt wie ein Amboss und ein leichter Apfel auf die gleiche Weise fallen würden, die Geschwindigkeit würde proportional zur Fallzeit zunehmen. Intuitiv scheint es aber nicht zu stimmen, dass Objekte mit so unterschiedlichen Massen das gleiche Verhalten beim Fallen zeigen. Der Grund für diese Inkongruenz liegt in den anfänglichen Annahmen für das mathematische Modell, zum Beispiel in der Annahme, dass nur eine einzige konstante Kraft auf das fallende Objekt wirkt: die Schwerkraft. Das mathematische Modell liefert trotz dieser Vereinfachung eine einfache und unkomplizierte Lösung.

Newton schuf ein weiteres, etwas ausgefeilteres Modell zur Beschreibung fallender Objekte. Er nahm an, dass neben der Schwerkraft, die das Objekt im „freien Fall" nach unten zum Erdmittelpunkt zieht, eine zweite Kraft, die als Luftwiderstand bezeichnet wird, in entgegengesetzter Richtung zur Schwerkraft wirkt. Wir spüren diesen Luftwiderstand, wenn wir unsere Hand aus dem Fenster eines fahrenden Autos (oder sogar einer Kutsche aus Galileis Zeit) halten. Dies ist ein großer Beitrag Newtons zu den Bewegungsgesetzen, der uns zu seinem dritten Gesetz führt, dem Gesetz von Actio und Reactio.

Basierend auf Erfahrung und Intuition nahm Newton an, dass für fallende Objekte der Luftwiderstand proportional zum Quadrat der Geschwindigkeit anwächst. Mit der dazu gehörenden Proportionalitätskonstante würde sein Modell die Masse und andere Eigenschaften des fallenden Objekts berücksichtigen. Wir haben es nun mit einem Modell zu tun, das angemessen zwischen fallenden Ambossen und Äpfeln unterscheidet und damit näher an der Realität des Phänomens ist. Die Geschwindigkeit des Objekts, die im vorherigen Modell einfach g mal t war, wird nun durch die Funktion $\tanh(x) = 1 - 2/(e^{2x} + 1)$ ausgedrückt, dem hyperbolischen Tangens. Es gilt:

$$v = \sqrt{\frac{mg}{k}}\,\tanh(\sqrt{\frac{kg}{m}}t)$$

Um den hyperbolischen Tangens zu verstehen, ist allerdings ein wenig Differential- und Integralrechnung erforderlich, eine Disziplin, deren Schöpfung Newton selbst und auch dem Deutschen Gottfried Wilhelm Leibniz (1646–1716) zugeschrieben wird, die beide die Vaterschaft beanspruchten.

Das Modell fallender Objekte unter dem Einfluss der Schwerkraft in die eine Richtung und der Kraft des Luftwiderstands, also der Reibung, in die entgegengesetzte Richtung ist dem Phänomen angemessener. Jedes Objekt, wie beispielsweise ein Fallschirmspringer, der aus großer Höhe fällt, erfährt zunächst, wenn der Luftwiderstand wegen der geringen Fallgeschwindigkeit noch klein ist, eine beschleunigte Bewegung. Mit zunehmender Geschwindigkeit nimmt jedoch auch der Widerstand der Luft zu, bis diese Kraft der Schwerkraft entspricht. Ab dem Moment, in dem die Schwerkraft gleich dem Luftwiderstand ist, geht die beschleunigte Bewegung des fallenden Objekts in eine gleichförmige, nicht beschleunigte Bewegung über. Die Fallgeschwindigkeit in diesem Moment, die sogenannte *Endgeschwindigkeit*, bleibt bis zur Öffnung des Fallschirms bestehen. Bei Amboss und Apfel, die zur gleichen Zeit aus der gleichen Höhe zu fallen beginnen, unterscheiden sich die Endgeschwindigkeiten: Der Apfel erreicht seine Endgeschwindigkeit viel früher als der Amboss, sie ist geringer als die des Ambosses. Der Apfel braucht daher länger als der Amboss, um den Boden zu erreichen.

Bis Galilei herrschte die von Aristoteles (384 v. Chr.–322 v. Chr.) eingeführte Physik, der es zwar an Strenge mangelte, die aber nur von wenigen in Frage gestellt wurde. Einige argumentierten, Aristoteles habe behauptet, Objekte würden mit einer Geschwindigkeit fallen, die proportional zu ihrem Gewicht ist. Andere verteidigten Aristoteles und sagten, er habe sich auf die Endgeschwindigkeit bezogen, die tatsächlich vom Gewicht des Objekts abhängt. *Dass Aristoteles jemals für einen Augenblick angenommen hat, dass ein 2-Pfund-Gewicht im üblichen Sinn der Worte doppelt so schnell fällt wie ein 1-Pfund-Gewicht, ist eine Absurdität*, schrieb Major John H. Hardcastle (1870–1937) [4].

Das Beispiel der fallenden Objekte zeigt, wie man ein mathematisches Modell, das ein bestimmtes physikalisches Phänomen beschreibt, verfeinern kann, um es immer besser dem Phänomen anzupassen. Damit nimmt aber die Komplexität der Lösung zu. Wenn wir all die unterschiedlichsten Kräfte berücksichtigen, die auf ein fallendes Objekt wirken, wäre letztendlich die Lösung einer Gleichung, die dieser Realität getreulich entspricht, so komplex, dass es zweckmäßig wäre, die Aufgabe der Beschreibung des Phänomens den Dichtern anstatt den Wissenschaftlern zu überlassen. Auch wenn das Ergebnis dann aus wissenschaftlicher Sicht nicht so nützlich wäre, könnte es zumindest die Sinne erfreuen.

In den 1970er Jahren nahmen mathematische Modelle Platz in wichtigen Tageszeitungen in verschiedenen Teilen der Welt ein. Das war ganz ungewöhnlich, denn die Entwicklung der Mathematik geht ohne Revolutionen einher und hat daher wenig Chancen, als Nachricht in der Tagespresse zu landen. Die Schlagzeilen jener Zeit kündigten eine neue Theorie an, die von ihrem Schöpfer, dem Franzosen René Thom (1923–2002), *Katastrophentheorie* genannt wurde.

Bis dahin wurde bei physikalischen Phänomenen, deren Modelle durch unabhängige Variable beschrieben wurden, die man *Ursachen* nennen kann, eine

Abb. 1.3 Katastrophe

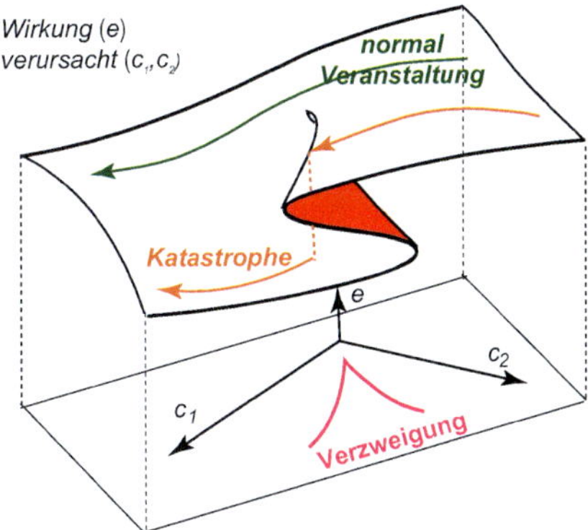

kontinuierliche Beziehung zu den abhängigen Variablen, den *Wirkungen*, angenommen. Die gängige Vorstellung war also, dass eine kontinuierliche Variation der Ursachen zu einer ebenfalls kontinuierlichen Variation der Wirkungen führen würde.

Die Katastrophentheorie definiert nun aber auch Modelle, in denen kontinuierliche Veränderungen der Ursache *abrupte* Veränderungen der Wirkung hervorrufen können (Abb. 1.3) – daher der Begriff „Katastrophe". Solche abrupten Veränderungen treten auf, wenn die Ursachen des Phänomens Werte jenseits eines „Bifurkationspunktes" erreichen, die als „kritische" Werte bezeichnet werden. Bei kontinuierlich ablaufenden Prozessen gibt es keine kritischen Werte.

Unter der Leitung des britischen Mathematikers Sir Christopher Zeeman (1925–2016) wurden die mathematischen Modelle der Katastrophentheorie in so unterschiedlichen Fachgebieten wie Soziologie, Psychologie, Biologie, Linguistik, Ingenieurwesen und Wirtschaftswissenschaften eingesetzt. Sie dienten dazu, einen vereinheitlichenden und vereinfachten mathematischen Diskurs zu schaffen.

Diese neue Sprache erfüllte jedoch bei weitem nicht das ursprüngliche revolutionäre Versprechen, das in Tageszeitungen wie *L'Express* in Frankreich und *The New York Times* in den Vereinigten Staaten veröffentlicht wurde. Diese Zeitungen hatten die Wunder der neuen Theorie publik gemacht, indem sie René Thom als den französischen Isaac Newton des 20. Jahrhunderts und die Katastrophentheorie als die wichtigste Entwicklung in der Mathematik seit der Erfindung der Differential- und Integralrechnung 300 Jahre zuvor bezeichneten.

Darüber hinaus zog am Ende des 20. Jahrhunderts eine neue Theorie, die *Chaostheorie*, viel Aufmerksamkeit auf sich – aufgrund der schönen Bilder, die von Computern erzeugt wurden, sogar bei Laien. Diese neue Theorie stellt mathematische Modelle von Evolutionsprozessen vor, die in der Natur vorkommen. Mit ihr kamen auch die berühmten Fraktale auf (Abb. 1.4), die die Vorstellungskraft vieler anregen. Allerdings

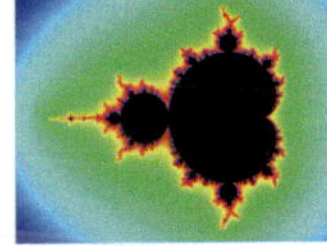

Abb. 1.4 Fraktal

galt den Fraktalen wie der Katastrophentheorie auch heftige Kritik, insbesondere von Wissenschaftsphilosophen, die den Versuch, sie mit natürlichen Phänomenen in Verbindung zu bringen, nicht akzeptieren.

Jenseits dieser Kontroversen gilt aber, dass mathematische Modelle für die Verwendung der Mathematik bei der Interpretation natürlichen Probleme grundlegend sind – auch wenn sie nur angenäherte Lösungen liefern. Insbesondere im Falle von Problemen, bei denen dynamische Prozesse eine Rolle spielen, ist die Differential- und Integralrechnung ein unverzichtbares Werkzeug zur Lösung mathematischer Modelle.

Im 17. Jahrhundert führte die Diskussion der Urheberschaft der Differential- und Integralrechnung zu einem erbitterten intellektuellen Streit zwischen dem Engländer Isaac Newton und dem Deutschen Gottfried Wilhelm Leibniz. Sicher ist aber, dass beide in großem Maße zu unserem, wenn auch bescheidenem, Verständnis der Natur des Universums beigetragen haben.

Einstein, der ein Feind nationalistischer Streitigkeiten war, eröffnete u. a. 1929 einen Vortrag an der Universität Sorbonne in Paris mit folgender Vermutung: *Werde ich mit meiner Theorie recht behalten, dann werden die Deutschen sagen, ich sei Deutscher, und die Franzosen, ich sei Weltbürger. Werde ich unrecht behalten, dann werden die Franzosen behaupten, ich sei Deutscher, und die Deutschen, ich sei Jude.* [3, S. 626].

Neben der Modellierung von Dingen dient die Mathematik auch dazu, Situationen zu modellieren, Zweifel zu wecken und uns sogar zu verlocken, die Zukunft vorherzusagen. Morris Kline zufolge hat schon der heilige Augustinus (354–430) gewarnt: *Es besteht nämlich die Gefahr, dass die Mathematiker mit dem Teufel im Bund den Geist trüben und die Menschen in die Bande der Hölle verstricken.* [2]

Aus der Sicht vieler Schüler, die durch die Fülle von Techniken traumatisiert sind, die sie sich weltweit im Mathematikunterricht einprägen müssen, hat Augustinus recht. Aus diesem Grund können schöne mathematische Modelle, die uns geholfen haben, Probleme – wenn auch nur annähernd – zu lösen, wichtige Verbündete im Kampf gegen diese Plage werden, die Schüler und Studenten von der Mathematik fernhält.

Literatur

1. Einstein, Albert; *Geometrie und erfahrung*, Springer 1921. English translation https://maths-history.st-andrews.ac.uk/Extras/Einstein_geometry/
2. Kline, Morris; *Mathematics in Western Culture*, Oxford University Press 1953.
3. Knowles, Elisabeth Hrsg.; Oxford dictionary of modern quotations, Oxford University Press 2007.
4. Hardcastle, J.H.; *Professor Turner and Aristotle*, Nature 92, S. 584 (1914).
5. Newton, Isaac; *Mathematical Principles*, trad. Andrew Motte 1729, University of California Press 1974.

Kapitel 2
Antike Urknalltheorie

2.1 Platonische Körper

Am Anfang gab es nur Wasser und den Himmel. Alles war leer, bis Tupanã inmitten eines großen Windes herabkam… Nach einer Legende vom Amazonas verkörperte die Gottheit einen Wirbelwind, um das Universum zu erschaffen.

Seitdem drehen wir uns ständig mit einer astronomischen Geschwindigkeit. Während die Erde 24 Stunden braucht, um eine Rotation um ihre eigene Achse zu vollenden, und ein Jahr, um die Sonne zu umkreisen, braucht unser Sonnensystem über 200 Millionen Jahre für die Umkreisung des Zentrums unserer Galaxis, der Milchstraße. Das letzte Mal, als die Sonne ihren jetzigen Platz einnahm, herrschten Dinosaurier über unseren Planeten.

Die Geschwindigkeiten dieser Rotationsbewegungen sind immens. Auf der Erde ist die Geschwindigkeit der täglichen Drehung vom Breitengrad abhängig: In der Nähe des Äquators ist sie viel größer als in der Nähe der Pole, da die Strecke, die zurückgelegt werden muss, um eine Rotation zu vollenden, größer ist. Während sich die Erde am Äquator mit fast 1700 km/h um ihre Achse dreht, ist die Geschwindigkeit der Rotation um die Sonne viel größer: Sie beträgt mehr als 100.000 km/h. Das Sonnensystem wiederum kreist um die Achse der Milchstraße, und diese um… Schon wenn wir die bekannten Zahlen einsetzen, die den Kosmos zu einem gigantischen Karussell machen, kommen wir auf die außerordentliche Geschwindigkeit von 700.000 km/h.

Je mehr wir unser Wissen über das Universum erweitern, umso mehr nimmt die maximale Geschwindigkeit zu, auf die wir stoßen, und umso mehr wird paradoxerweise unsere Bedeutungslosigkeit bestätigt. Während wir uns in früheren Zeiten vormachten, im Zentrum des Universums zu leben, sehen wir uns heute nur noch als kosmischen Staub – aber immer in einer Rotationsbewegung.

Eine endgültige Theorie der Entstehung des Universums steht noch aus, aber es bleiben uns die Mythen, Legenden und philosophischen Reflexionen. Eine der frü-

© Der/die Autor(en), exklusiv lizenziert an Springer Nature Switzerland AG 2024
T. Marar, *Eine spielerische Reise in die geometrische Topologie*,
https://doi.org/10.1007/978-3-031-56105-4_2

hesten Beschreibungen findet sich im Dialog *Timaios* [8] von Platon (427 v. Chr.–347 v. Chr.) (Abb. 2.1a), dem ruhelosesten aller griechischen Philosophen. Platons Version der Entstehung des Universums hat die perfekte und ewige Welt der Formen zum Modell. Timaios erklärt Sokrates (470 v. Chr.–399 v. Chr.) den Ursprung unserer physischen Welt, die anfangs in einem Zustand der Unordnung existierte, mit bestimmten geometrischen Allegorien, die angeblich vom Demiurgen, einem Geometer und Schöpfer, verwendet wurden!

Die Idee eines Architekten des Universums taucht in der Literatur recht häufig auf.

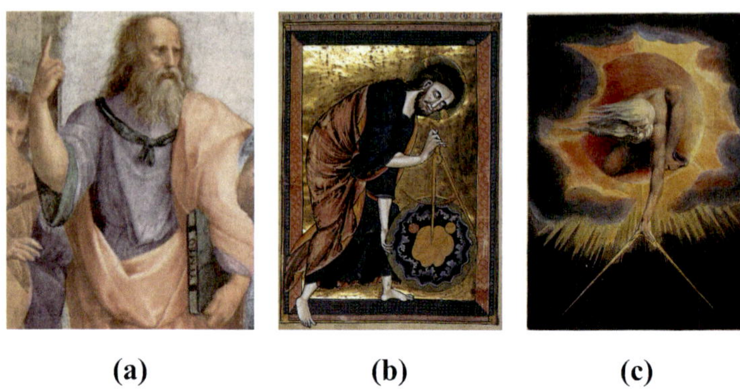

(a)   (b)   (c)

Abb. 2.1 (**a**) Platon (**b**) *Bible Moralisée* (**c**) Urizen

Ein altes Bild findet sich in einer Ausgabe der Bibel von 1220, der *Bible Moralisée*. Der Schöpfer ist auf diesem Bild bereit, die Welt, die er mithilfe eines Zirkels entwirft, in Rotation zu versetzen. Innerhalb eines Kreises befindet sich die Mondkugel neben der Sonnenkugel, in der Mitte liegt eine formlose Masse. Diese Masse wird zur Erde, wenn Gott das gleiche geometrische Prinzip auf sie anwendet wie auf Mond und Sonne (Abb. 2.1b).

Ein anderes Bild, das 570 Jahre später veröffentlicht wurde, gehört zum mythologischen Gedicht *Europa. Eine Prophezeihung* des visionären Künstlers William Blake (1757–1827) Blake zeigt Urizen, seinen Schöpfergott, in der Dunkelheit mit seinem geöffneten Zirkel, wie er dem Chaos eine rationale Ordnung aufzwingen will (Abb. 2.1c). In beiden Bildern ist die platonische Inspiration offensichtlich.

Unter den geometrischen Allegorien hebt Timaios eine Gruppe von fünf Polyedern hervor, die heute als platonische Körper bekannt sind. Vier dieser Körper repräsentieren die Grundelemente – Feuer (Tetraeder), Erde (Hexaeder, Würfel), Luft (Oktaeder) und Wasser (Ikosaeder) –, aus denen laut Timaios alles hervorgeht. Das fünfte Element, die Quintessenz, repräsentiert das Universum (Dodekaeder).

Wir wissen heute zwar einerseits, dass dies nicht so ist, wir wissen aber andererseits auch nicht, ob Elementarteilchen wie die Leptonen und Quarks wirklich die Grundelemente sind. Platon ebnete mit seinen bahnbrechenden Ideen den

Weg für die Suche nach ihnen: Der Dialog *Timaios* ist die Urknalltheorie des antiken Griechenland.

Die platonischen Körper sind dreidimensionale konvexe Objekte, deren Begrenzungen, also ihre Oberflächen, regelmäßige Polyeder definieren. Mit anderen Worten: Sie bestehen aus Ecken, Kanten und Flächen sowie dem dreidimensionalen Bereich, den sie einschließen. Die Ecken sind Punkte auf einer Kugel, die den Körper umschreibt. Die Kanten sind Geraden gleicher Länge, die Flächen, die von den Kanten begrenzt werden, sind regelmäßige Polygone von gleichem Typus: gleichseitige Dreiecke, Quadrate, regelmäßige Fünfecke. Von jeder Ecke des Polyeders geht die gleiche Anzahl von Flächen aus, das heißt, die Ecken sind nicht voneinander zu unterscheiden.

Theorem *Es gibt nur fünf Arten von platonischen Körpern.*

Es ist schwer zu sagen, wann man zu diesem Ergebnis kam. Die beiden renommierten britischen Wissenschaftler M. Atyah und P. Sutcliffe äußern in dem Artikel *Polyhedra in physics, chemistry and geometry* [1] die Überzeugung, dass Steine aus der neolithischen Periode, die von Archäologen in Schottland gefunden wurden (Abb. 2.2), beweisen, dass die sogenannten platonischen Körper mindestens tausend Jahre vor Platon bekannt waren.

Diese Steine aus der neolithischen Zeit sind jedoch nur Kunstwerke, die wenig oder gar nichts mit den platonischen Körpern zu tun haben.

Ein Beweis dafür, dass nur fünf Polyeder die genannten Bedingungen erfüllen, wurde auf jeden Fall erst im antiken Griechenland erbracht, als die deduktive Methode, die für den Beweis notwendig ist, entwickelt wurde!

Abb. 2.2 Behauene Steinkugel

Euklid (325 v. Chr.–265 v. Chr.) schreibt die Konstruktion von drei der fünf Körper Pythagoras (570 v. Chr.–490 v. Chr.) zu, die anderen beiden Theaitetos von Athen (415 v. Chr.–369 v. Chr.).

Zwei der fünf Körper erscheinen lange vor Platon in alten Texten: Es ist zum einen der Würfel und zum anderen die Pyramide mit einer dreieckigen Basis. Der Würfel hat sechs Flächen, weshalb er auch Hexaeder genannt wird. Von jedem seiner acht Ecken gehen genau drei der sechs quadratischen Flächen aus. Die Pyramide mit einer dreieckigen Basis hat vier Flächen und wird daher Tetraeder genannt. Von jeder ihrer vier Ecken gehen genau drei der vier Flächen aus, die gleichseitige Dreiecke sind.

Ein Beweis dafür, dass es nur fünf platonische Körper gibt, folgt den Argumenten, die in den abschließenden Thesen des Buchs XIII der *Elemente* Euklids [2] aufgezeichnet sind, einem Werk, das das gesamte damalige mathematische Wissen dokumentieren wollte. Dort wird auch ein Zusammenhang zwischen den Kanten, die den Körper begrenzen und dem Durchmesser der umgebenden Kugel angegeben.

Im Fall des Würfels (Abb. 2.3) mit Kantenlänge s ist bei einem Durchmesser d seiner umgebenden Kugel (das ist die Länge der Haupt-
diagonale des Würfels) beispielsweise die Kante
des einbeschriebenen Tetraeders (d.h., der Diagonale der Fläche des Würfels) $\sqrt{2}s$. Diese drei
Segmente sind Seiten eines rechtwinkligen Dreiecks. Es gilt dann nach dem Satz des Pythagoras $d^2 = s^2 + (\sqrt{2}s)^2 = (3/2)(\sqrt{2}s)^2$.

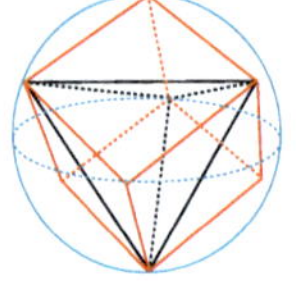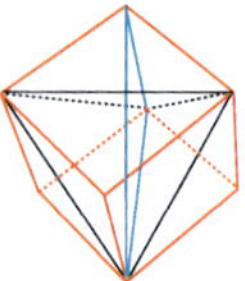

Abb. 2.3 Würfel und
Tetraeder

Um zu zeigen, dass es neben Würfel und Tetraeder nur noch drei weitere platonische Körper gibt, beginnen wir mit der Beobachtung, dass die Flächen dieser
Polyeder nur gleichseitige Dreiecke, Quadrate oder regelmäßige Fünfecke sind.
Tatsächlich folgt aus der Konvexität eines Polyeders, dass an jeder Ecke die Summe
der Winkel der anliegenden polygonalen Flächen kleiner als 360° sein muss. Da an
jeder Ecke mindestens drei Flächen anliegen müssen, würden sich die Winkel von
regelmäßigen Sechsecken oder Polygonen mit mehr als sechs Kanten zu 360° oder
mehr addieren, da die Innenwinkel dieser Polygone 120° oder mehr betragen.

Wir werden nun alle möglichen platonischen Körper in den folgenden drei
Schritten beschreiben.

Schritt 1: Konstruktion möglicher platonischer Körper mit dreieckigen Flächen.

Es gibt drei Typen, nämlich das Tetraeder (vier Flächen), das Oktaeder (acht Flächen) und das Ikosaeder (zwanzig Flächen) (Abb. 2.4).

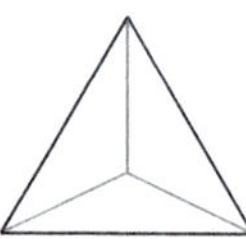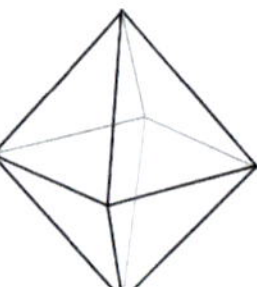

Abb. 2.4 Tetraeder, Oktaeder und Ikosaeder

Um dies zu sehen, beginnen wir mit der Annahme, dass an jeder Ecke drei dreieckige Flächen zusammentreffen und sich daher die Winkel dieser Flächen zu 3 $\times$
60° = 180° addieren. Mit diesen Annahmen erhalten wir das Tetraeder.

Nehmen wir an, dass an jeder Ecke vier dreieckige Flächen zusammentreffen,
addieren sich die Winkel dieser Flächen zu 4 $\times$ 60° = 240°. Mit diesen Annahmen erhalten wir das Oktaeder, dessen Modell wir aus zwei Pyramiden mit
quadratischer Basis erhalten, die wir an den Basen zusammenfügen.

Nehmen wir nun an, dass an jeder Ecke fünf dreieckige Flächen zusammentreffen, addieren sich die Winkel dieser Flächen zu 5 $\times$ 60° = 300°. Mit diesen
Annahmen erhalten wir das Ikosaeder.

Damit ist die Zahl der möglichen platonischen Körper mit dreieckigen Flächen
erschöpft. Tatsächlich würde mit sechs gleichseitigen Dreiecken, die an einer Ecke

anliegen, die Summe der Winkel 360° erreichen, womit die Konstruktion nicht mehr konvex wäre.

Unter den drei regelmäßigen Polyedern mit dreieckigen Flächen ist das Ikosaeder das komplizierteste. Ein Modell des Ikosaeders kann man aus Papier basteln, mit ihm wird es einfacher, sich diesen platonischen Körper vorzustellen.

Zunächst müssen wir mit zehn der zwanzig dreieckigen Flächen des Ikosaeders ein Band herstellen, indem wir die Dreiecke aneinanderhängen und dabei die Ecken abwechselnd nach oben und unten versetzen (Abb. 2.5). Wir kleben dann die äußeren Kanten dieses Bandes zusammen und erhalten einen Stamm, dessen Unter- und Fläche regelmäßige Fünfecke sind.

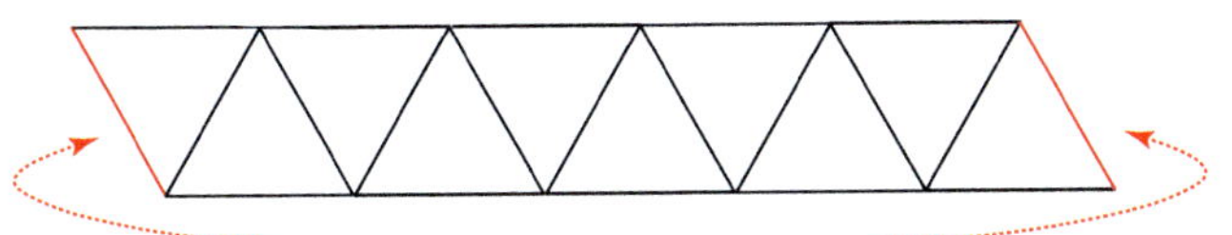 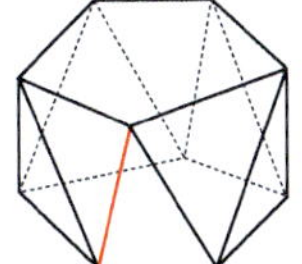

Abb. 2.5 Bau eines regelmäßigen Ikosaeders, erster Schritt

Mit den verbleibenden zehn dreieckigen Flächen basteln wir zwei Pyramiden mit einer fünfeckigen Basis, kleben sie auf und unter den Stamm (Abb. 2.6) und erhalten so als Ergebnis ein Modell des Ikosaeders.

Schritt 2: Konstruktion möglicher platonischer Körper mit quadratischen Flächen.

Wir beginnen mit der Annahme, dass an jeder Ecke drei quadratische Flächen zusammentreffen und sich daher die Winkel dieser Flächen zu $3 \times 90° = 270°$ addieren. Mit diesen Annahmen erhalten wir den Würfel.

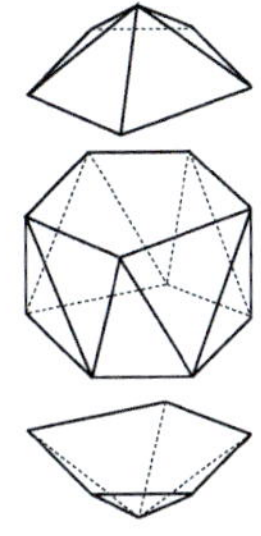

Abb. 2.6 Bau eines regelmäßigen Ikosaeders, letzter Schritt

Mit vier quadratischen Flächen, die an einer Ecke zusammentreffen, würde die Summe der Winkel 360° erreichen, womit das Polyeder nicht konvex wäre. Daher gibt es als regelmäßiges Polyeder mit quadratischen Flächen nur den Würfel.

Schritt 3: Konstruktion möglicher platonischer Körper mit pentagonalen Flächen.

Nun nehmen wir an, dass an jeder Ecke drei fünfeckige Flächen zusammentreffen. Da die Innenwinkel eines regelmäßigen Fünfecks 108° messen, addieren sich die Winkel der auf jedes Eck treffenden Flächen zu $3 \times 108° = 324°$, und wir erhalten das Dodekaeder (Abb. 2.7).

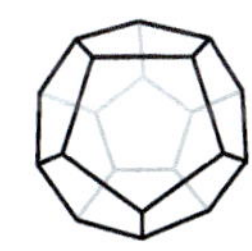

Abb. 2.7 Dodekaeder

Dies erschöpft die möglichen regelmäßigen Polyeder mit fünfeckigen Flächen, da mit vier an einer Ecke zusammentreffenden Flächen die Summe der Winkel dieser Flächen größer als 360° wäre.

Die Beziehung der platonischen Körper (Abb. 2.8) zu den Grundelementen Erde, Feuer, Wasser und Luft wird von Timaios auf poetische Weise erklärt.

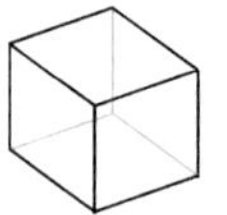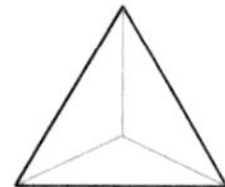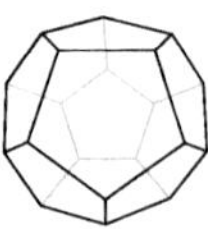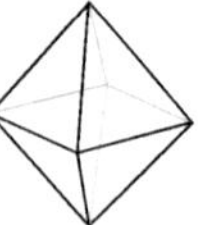

Abb. 2.8 Die fünf platonischen Körper

Laut Timaios repräsentiert der Würfel aufgrund seiner Stabilität die Erde. Der Tetraeder, der spitzeste Körper, repräsentiert das Feuer. Das Ikosaeder rollt wie Wasser, und der Oktaeder repräsentiert die Luft. Das fünfte Element, das Dodekaeder mit seinen zwölf Flächen, eine für jedes Zeichen des Tierkreises, repräsentiert das Universum.

Viele dieser platonischen Überzeugungen wurden bereits Jahrhunderte zuvor von den Anhängern des Pythagoras vertreten. Aus der pythagoreischen Schule stammen die ältesten Belege für ein Verständnis des Universums auf mathematischer Basis.

Die Pythagoreer waren sehr auf Harmonie und Ästhetik bedacht. Das zeigt schon die Eleganz des berühmten Satzes des Pythagoras (Abb. 2.9): Von der Hypotenuse aus gesehen definiert die Höhe des rechtwinkligen Dreiecks zwei andere rechtwinklige Dreiecke, eines links und eines rechts von der Höhe. Alle drei Dreiecke sind ähnlich, da sie die gleichen Winkel haben. Aus dieser Ähnlichkeit ergibt sich ein Beweis des Satzes.

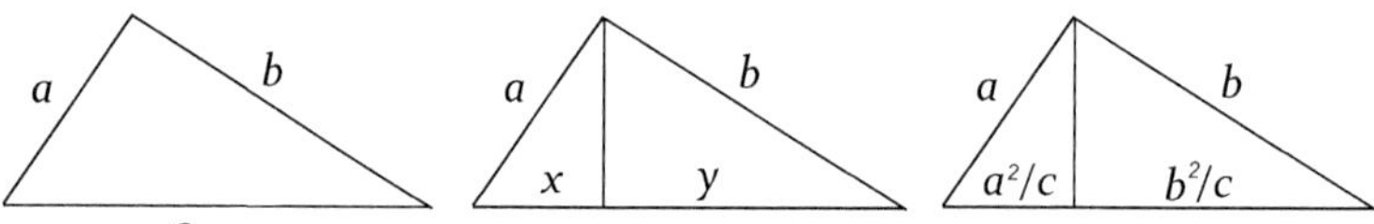

Abb. 2.9 Satz des Pythagoras

Haben die Katheten eines rechtwinkligen Dreiecks die Längen a und b und die Hypotenuse die Länge c mit $c = x + y$, ist $cx = a^2$ und $cy = b^2$. Aus der Ähnlichkeit des Dreiecks links mit dem ursprünglichen Dreieck folgt $a/x = c/a$, das heißt, $cx = a^2$. Analog folgt aus der Ähnlichkeit des Dreiecks rechts mit dem ursprünglichen Dreieck $b/y = c/b$, das heißt, $cy = b^2$. Daher gilt $a^2 + b^2 = cx + cy = c(x + y) = c^2$. In Worten: Die Fläche des Quadrats über der Hypotenuse ist gleich der Summe der Flächen der beiden Quadrate über den Katheten des rechtwinkligen Dreiecks.

Es gibt eine allgemeinere Form des Satzes, die die Größe ähnlicher Flächen an den Seiten eines rechtwinkligen Dreiecks in Beziehung setzt. Die Flächen an der Hypotenuse c und den Katheten a und b eines rechtwinkligen Dreiecks werden ähnlich genannt, wenn sie sich nur durch einen skalaren Faktor unterscheiden bzw. wenn zwischen den Flächen Homothetie besteht. Die Homothetieverhältnisse zwischen den Katheten des rechtwinkligen Dreiecks seien r_1 und r_2, das heißt, $b = r_1 a$ und $c = r_2 a$. Da das Dreieck ein rechtwinkliges Dreieck ist, haben wir $a^2 + b^2 = c^2$, das heißt, $a^2 + (r_1 a)^2 = (r_2 a)^2$. Daher gilt $1 + r_1^2 = r_2^2$ (Abb. 2.10).

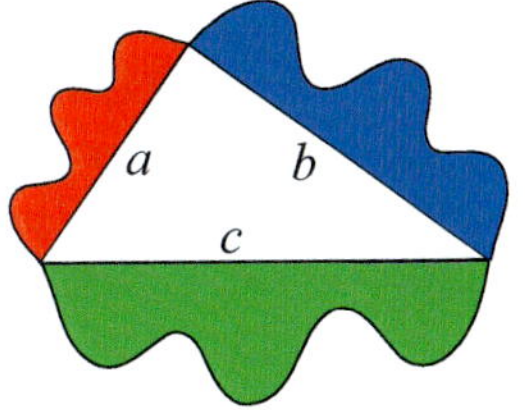

Abb. 2.10 Allgemeiner Satz des Pythagoras

Haben die Flächen, die an den Katheten der Längen a und b und an der Hypotenuse der Länge c des rechtwinkligen Dreiecks liegen, die Größe A, B und C, liefern die Streckungen die folgenden Beziehungen zwischen den Flächen: $B = r_1^2 A$ und $C = r_2^2 A$. Daher gilt $A + B = (1 + r_1^2)A = r_2^2 A = C$.

Satz des Pythagoras Grenzen an ein rechtwinkliges Dreieck mit der Hypotenuse c und den Katheten a und b ähnliche Flächen, deren Größe jeweils C, A und B ist, gilt $C = A + B$.

Pythagoras hatte eine Vorliebe für Zahlen und hatte daher einen Sinn für numerische Feinheiten sowohl in der Astronomie als auch in der Musik. Für die Pythagoreer beherrschte die Numerologie, die Zahlen mit Wohlklang verbindet, auch das harmonische Universum. Die Musik galt als große Kunst, sie reproduzierte die Harmonie eines perfekten Universums als *Sphärenharmonie*. Diese fantastische Numerologie wurde und wird noch immer von Alchemisten und Esoterikern studiert. Es gibt sogar eine Art von Geometrie, die als Heilige Geometrie bekannt ist und viele Verehrer anzieht.

2.2 Arithmetisches, geometrisches und harmonisches Mittel

Timaios' Diskurs über die Perfektion des Universums macht, ganz im pythagoreischen Stil, ausgiebigen Gebrauch von einer bestimmten Numerologie. Timaios beschreibt wahre Rituale, die den Glauben mit der Mathematik bestimmter Verhältnisse und Proportionen vermischen und ausgewählt wurden, um das großartige Werk des Schöpfers zu beschreiben. Sie nehmen Übereinstimmungen wahr, die für die inbrünstig Glaubenden ganz unbestreitbar sind. Drei dieser Übereinstimmungen zweier Größen, sagen wir a und c, die in Platons Schriften zu finden sind, erweisen sich tatsächlich als ziemlich nützlich: das arithmetische Mittel b_1, das geometrische Mittel b_2 und das harmonische Mittel b_3:

$$b_1 = \frac{a + c}{2} \qquad b_2 = \sqrt{ac} \qquad b_3 = \frac{2ac}{a + c}$$

Das arithmetische Mittel b_1 wird so definiert: b_1 übersteigt a in gleicher Weise wie c b_1 übersteigt. Das heißt: $b_1 - a = c - b_1$. Das geometrische Mittel wiederum erfüllt das Verhältnis $a : b_2 = b_2 : c$. Das harmonische Mittel b_3, das Timaios verwendet, wenn er die Zusammensetzung der Seele beschreibt, besagt: b_3 übersteigt a in Bezug auf a in gleicher Weise wie c b_3 in Bezug auf c übersteigt. In Symbolen, $(b_3 - a) : a = (c - b_3) : c$.

Man kann auch das harmonische Mittel b_3 von a und c auch wie folgt beschreiben: Das Reziproke von b_3 ist das arithmetische Mittel der Reziproken von a und c, das heißt, $1/b_3 = (1/a + 1/c)/2$.

Eine geometrische Konstruktion dieser drei Mittelwerte kann man in einem Halbkreis mit Durchmesser $a + c$ (Abb. 2.11) durchführen. Das zentrale vertikale Segment ist der Radius des Halbkreises, daher hat es die Länge $(a + c)/2$, das ist das arithmetische Mittel von a und c. Das rechtwinklige Dreieck mit den Eckpunkten A, B und C, das in den Halbkreis eingeschrieben ist, hat die Höhe h. Wie wir wissen ist $h^2 = ac$, das heißt, h ist das geometrische Mittel von a und c. Der Wert von x in dem Diagramm entspricht dem harmonischen Mittel von a und c. Um dies zu demonstrieren, müssen wir zunächst beachten, dass $x + y = (a + c)/2$ ist.

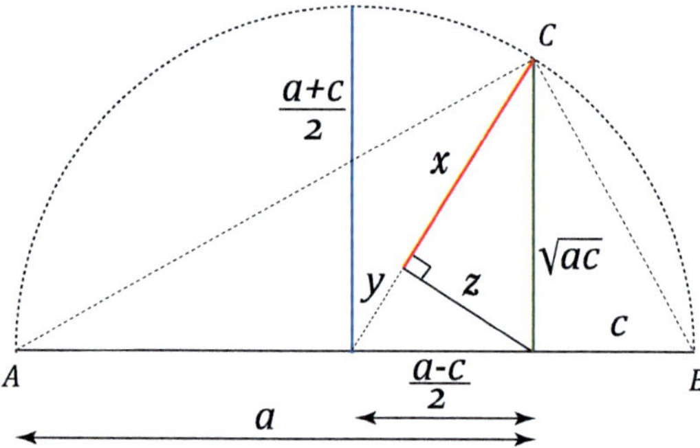

Abb. 2.11 Geometrische Konstruktion von arithmetischem, geometrischem und harmonischem Mittel

Nun wenden wir den Satz des Pythagoras auf das rechtwinklige Dreieck mit den Katheten y und z und auf das mit den Katheten x und z an (Abb. 2.11). Wir erhalten jeweils $y^2 = (a - c)^2/4 - z^2$ und $z^2 = ac - x^2$. Daher gilt $y^2 = (a - c)^2/4 - (ac - x^2)$. Aus der Gleichung $x + y = (a + c)/2$ erhalten wir $y^2 = (a + c)^2/4 - x(a + c) + x^2$. Wenn wir diese beiden Ausdrücke von y^2 gleichsetzen, erhalten wir $x = 2ac/(a + c)$ und damit das harmonische Mittel von a und c.

Die drei beschriebenen Mittelwerte werden in einer Vielzahl von Aktivitäten verwendet.

In der Architektur

In seinem 1570 veröffentlichten Buch *I quattro libri dell'architettura*, beschreibt der Architekt Andrea Palladio (1508–1580) einige Prototypen rechteckiger Räume. Laut Palladio entstehen die angenehmsten Orte, wenn die Höhen der rechteckigen Räume den arithmetischen, geometrischen oder harmonischen Mittelwerten der Seiten des Rechtecks entsprechen.

In der Musik

Das arithmetisches und das harmonisches Mittel bestimmen die Konstruktion der pythagoreischen Musikskala.

Eine Legende besagt, dass Pythagoras sich zu dieser Skala inspirieren ließ, als er einen Schmied hörte, der den Amboss mit verschiedenen Hämmern schlug und dabei verschiedene Töne erzeugte.

Als Pythagoras eine an den Enden befestigte Saite spannte, bemerkte er, dass der durch das Vibrieren der Saite erzeugte Klang eine bestimmte Beziehung zu dem Klang hatte, der von einer doppelt so langen Saite ausging. Er bezeichnete das Verhältnis 2:1 als Oktave. Halbiert man die vibrierende Saite, erhält man einen Klang eine Oktave höher, verdoppelt man die Länge, erhält man einen Klang eine Oktave tiefer. Die Oktave wurde sodann in zwei Teile unterteilt, die als Quinte und reine Quarte bezeichnet wurden. Die Quinte wurde durch das arithmetische Mittel von 2 und 1 erzielt, also 3/2, die Quarte durch das harmonische Mittel, also 4/3. Es gilt: $(3/2)(4/3) = (2/1) = 2$.

Andere Beispiele für die Verwendung der Mittelwerte

Beispiel 1 Eine Schülerin verlässt zur immer gleichen Zeit das Haus, um zur Schule zu gehen. Geht sie mit einer konstanten Geschwindigkeit von 2 km/h, kommt sie in der Schule um 11 Uhr an. Geht sie mit einer konstanten Geschwindigkeit von 6 km/h, kommt sie um 9 Uhr an. Wie schnell muss die Schülerin gehen, um um 10 Uhr anzukommen? Wählt man als Antwort das arithmetische Mittel der Geschwindigkeiten $(2 + 6)/2 = 4$, wäre das falsch. Die richtige Antwort ist das harmonische Mittel der beiden Geschwindigkeiten, also 3 km/h.

Beispiel 2 Fährt ein Auto eine bestimmte Zeit T mit einer konstanten Geschwindigkeit X und dann die gleiche Zeit T mit einer konstanten Geschwindigkeit Y, ist die Durchschnittsgeschwindigkeit über die gesamte Zeit $2T$ das *arithmetische* Mittel von X und Y. Tatsächlich entspricht die zurückgelegte Strecke der Summe $XT + YT$, sodass die Durchschnittsgeschwindigkeit dieser Strecke geteilt durch $2T$ entspricht.

Wenn das Auto eine Strecke L mit einer konstanten Geschwindigkeit X fährt und dann die gleiche Strecke L mit einer konstanten Geschwindigkeit Y, ist die Durchschnittsgeschwindigkeit, mit der das Auto die Strecke $2L$ fährt, das *harmonische* Mittel von X und Y.

Es dauert für das Auto die Zeit L/X, um den ersten Teil der Strecke zu absolvieren und die Zeit L/Y für den zweiten Teil. Daher ist die Durchschnittsgeschwindigkeit die zurückgelegte Strecke $2L$ geteilt durch die Zeit $L/X + L/Y$. Das heißt: $2L/(L/X + L/Y) = 2LXY/(LX + LY) = 2XY/(X + Y)$. Die Durchschnittsgeschwindigkeit ist also das *harmonische* Mittel von X und Y.

Beispiel 3 (Eine Verallgemeinerung von Beispiel 1) Geht die Schülerin zu Hause zur Zeit t_0 weg, kommt sie zur Zeit t_1 in der Schule an, wenn Sie mit einer konstanten Geschwindigkeit von x km/h geht. Geht sie mit einer konstanten Geschwindigkeit von y km/h, kommt sie zur Zeit t_2 an. Mit welcher konstanten Geschwindigkeit z km/h als Funktion von x und y muss sie gehen, um pünktlich in der Schule zur Zeit $(t_1 + t_2)/2$ anzukommen?

Die Entfernung von zu Hause entspricht der Geschwindigkeit multipliziert mit der Zeit, also $x(t_1 - t_0)$, was gleich $y(t_2 - t_0)$ ist. Aus dieser Gleichheit folgt, dass die Weggehzeit $t_0 = (yt_2 - xt_1)/(y - x)$ ist. Die Entfernung der Schule von der Wohnung ist aber $z((t_1 + t_2)/2 - t_0) = x (t_1 - t_0)$. Durch Einsetzen des Wertes von t_0 erhalten wir $z = 2xy/(x + y)$, das heißt, z ist das *harmonische* Mittel von x und y.

2.3 Der Goldene Schnitt

Ein weiteres berühmtes Verhältnis und ein Favorit der Mystiker ist als der *Goldene Schnitt* bekannt. Er wird wie folgt definiert: Eine Strecke der Länge L wird in zwei Teile der Längen X (größerer Teil) und $L - X$ (kleinerer Teil) unterteilt. Die Strecke ist nach dem Goldenen Schnitt geteilt, wenn das Verhältnis der Gesamtlänge L zur Länge des größeren Teils X gleich dem Verhältnis der Länge des größeren Teils X zur Länge des kleineren Teils $L - X$ ist. Das heißt: $L/X = X/(L - X)$.

In Proposition 11 in Buch II der *Elemente* von Euklid wird dieses „goldene" Verhältnis als Teilung in ein mittleres und ein extremes Verhältnis angegeben. Es ist $X^2 + LX - L^2 = 0$, d.h. $(X/L)^2 + (X/L) - 1 = 0$, und daher $X/L = (-1 + \sqrt{5})/2$.

Abb. 2.12 Das Parthenon

Die Zahl $(-1 + \sqrt{5})/2$ beträgt ungefähr 0,618. Sie ist als die „goldene Zahl" bekannt und wird oft mit dem griechischen Buchstaben ϕ bezeichnet, angeblich nach dem griechischen Bildhauer und Architekten Phidias (500/490 v. Chr.–430/420 v. Chr.), von dem man annimmt, dass er den Goldenen Schnitt beim Bau des Parthenon auf der Athener Akropolis berücksichtigt hat (Abb. 2.12).

Auch das Reziproke $1/\phi$ der goldenen Zahl, Φ benannt, wird manchmal als goldene Zahl bezeichnet.

Es gilt für Φ:

$$\frac{1}{\phi} = \frac{2}{-1 + \sqrt{5}} = \frac{2(1 + \sqrt{5})}{(-1 + \sqrt{5})(1 + \sqrt{5})} = \frac{1 + \sqrt{5}}{2} = 1 + \phi,$$

das heißt, Φ beträgt ungefähr 1,618.

Das Rechteck mit den Seiten L und X wird unabhängig von den Werten von L und X als *goldenes Rechteck* bezeichnet, wenn $X^2 + LX - L^2 = 0$ gilt. Die Größe des Rechtecks spielt keine Rolle, es zählt nur das Verhältnis seiner Seiten.

Einige Menschen assoziieren goldene Rechtecke mit einer Manifestation des Schöpfers, weil nach ihrer Überzeugung viele Formen in der Natur dieses Verhältnis aufweisen. Es wird auch gesagt, dass von allen Rechtecken das goldene unser Auge am meisten erfreut. Zu diesem Thema gibt es einen sehr guten Artikel von George Markowsky [5].

Neben diesen Überzeugungen aus der Antike, die auch heute noch viele Anhänger haben, ist das wirklich Schöne am Goldenen Schnitt die Beziehung, die er definiert: Wird eine Strecke in zwei Teile geteilt, einen größeren und einen kleineren, ist die Teilung der Strecke golden, wenn das Verhältnis der gesamten Länge zur Länge des größeren Teils gleich dem Verhältnis der Länge des größeren Teils zur Länge des kleineren Teils ist.

Sehr überzeugend ist auch die Konstruktion eines goldenen Rechtecks mit Lineal und Zirkel. Man beginnt mit einem Kreis, dessen Mittelpunkt in einer Ecke eines Quadrats liegt. Man erhält dann das goldene Rechteck, wie es in Abb. 2.13 mit gepunkteten Kanten zu sehen ist.

Es gibt viele Gelegenheiten, bei denen goldene Zahlen auftauchen. Diese Allgegenwärtigkeit kann die tiefe Verehrung erklären, die einige für das Thema entwickeln. Wir wollen nun einige geometrische Merkwürdigkeiten dieses Verhältnisses diskutieren.

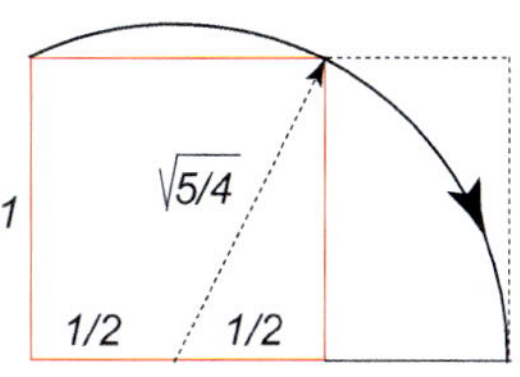

Abb. 2.13 Goldenes Rechteck

2.3.1 Goldene Rechtecke und Architektur

Abb. 2.14 Le Corbusier und Einstein

Der Architekt Charles-Édouard Jeanneret-Gris (1887–1965), besser bekannt als Le Corbusier, war ein bedingungsloser Verehrer des Goldenen Schnitts. In seinem Buch *Le Modulor* [4] vertritt er, dass architektonische Projekte von der goldenen Zahl geleitet werden sollten. In dem Glauben, dass sich der Goldene Schnitt in verschiedenen Teilen des menschlichen Körpers manifestiert – zum Beispiel teilt der Nabel unsere Körpergröße im Goldenen Schnitt – forderte er, dass gebaute Räume in demselben Verhältnis gestaltet werden sollten, um mit ihren Bewohnern zu harmonieren (Abb. 2.14).

Corbusier war so fasziniert von seiner Entdeckung, dass er 1946 Albert Einstein in Princeton aufsuchte, um seine Theorie mit dem Professor zu besprechen. In *Modulor* beschreibt Corbusier diese Begegnung, die nach seinen Worten nicht so fruchtbar war, wie sie hätte sein können, weil er nervös war: *Dummerweise unterbrach ich ihn, die Unterhaltung geriet auf Abwege.* Corbusier war sich nicht ganz sicher, ob Einstein letzten Endes mit seiner Sicht übereinstimmte oder nicht. Einstein schrieb *liebenswürdig am gleichen Abend:* Der Goldene Schnitt „*ist eine Skala der Proportionen, die das Schlechte schwierig und das Gute leicht macht*" – was auch immer das bedeutet [4, S. 58].

Abb. 2.15 zeigt Le Corbusiers *Unité d'habitation* in Marseille (a) und Berlin (b).

Abb. 2.15 Le Corbusier, Unité d'habitation

2.3.2 *Die goldene Zahl im regelmäßigen Fünfeck*

In jedem regelmäßigen Fünfeck schneiden sich die Diagonalen an Punkten, die sie im goldenen Verhältnis teilen. Tatsächlich haben die gleichschenkligen Dreiecke mit den Eckpunkten ABC und DBC (Abb. 2.16a) die gleichen Innenwinkel, so dass sie ähnlich sind. Das erste hat die Basislänge L und die Seiten X, während das zweite Dreieck die Basis X und die Seiten $L - X$ hat. Aus der Ähnlichkeit folgt das Verhältnis $L/X = X/(L - X)$. Daher beweist $X^2 + LX - L^2 = 0$ die Behauptung.

Ein interessantes Modell eines regelmäßigen Fünfecks mit sich kreuzenden Diagonalen kann mit einem geknoteten rechteckigen Papierband hergestellt werden (Abb. 2.16b).

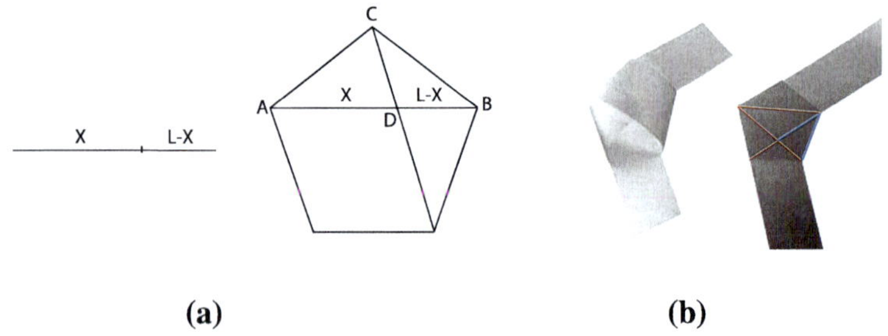

Abb. 2.16 Goldener Schnitt

Die fünf Diagonalen des regelmäßigen Fünfecks bilden eine Figur, die als Pentagramm bezeichnet wird, eine Figur, die einige sehr mystisch finden. Viele Sekten und auch die pythagoreische Schule im antiken Griechenland identifizieren sich mit einem Pentagramm mit einer nach oben weisenden Spitze (Abb. 2.17a). Ihm wird eine *gute* Bedeutung zugeschrieben. Das Pentagramm mit einer nach unten gerichteten Spitze, in die ein Ziegenkopf eingeschrieben ist, wird dagegen als Symbol des *Bösen* verwendet und identifiziert Sekten, die mit schwarzer Magie in Verbindung stehen. Die Zeichnung in Abb. 2.17b wurde ursprünglich 1897 in dem Buch *La Clef de la Magie Noire* (dt. *Der Schlüssel der schwarzen Magie*) des Okkultisten Stanislas de Guaita (1861–1897) veröffentlicht.

Abb. 2.17 Das Pentagramm

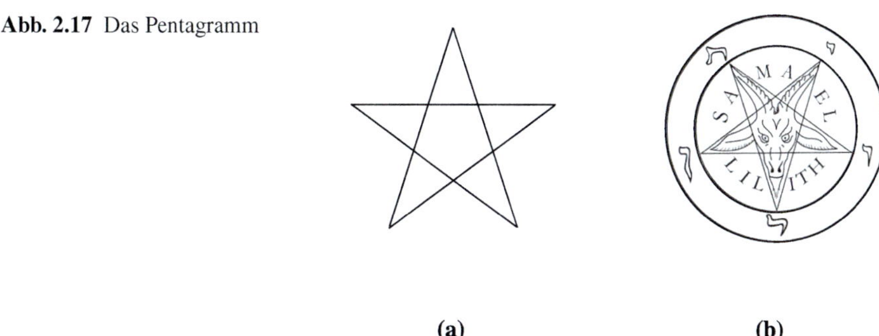

(a)   (b)

2.3.3   Goldene Rechtecke und die Summe der Quadrate

Fügt man nun an eine der längeren Seiten eines goldenen Rechtecks ein Quadrat an, so ist das resultierende Rechteck ebenfalls ein goldenes Rechteck

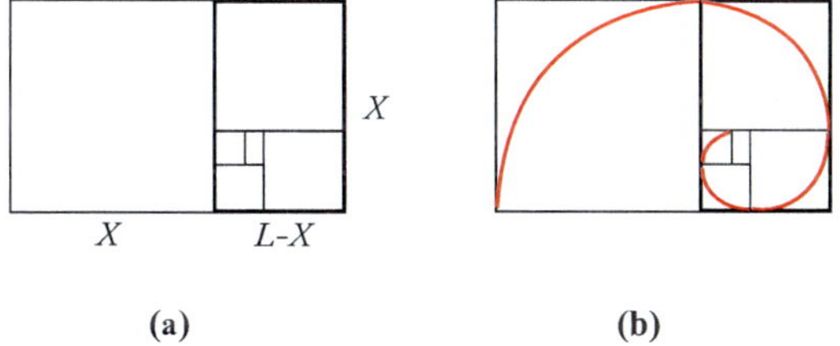

(a)   (b)

Abb. 2.18 Goldene Rechtecke

Der Beweis: Hat das ursprüngliche Rechteck die Seiten X und $L - X$, sodass $X^2 + LX - L^2 = 0$ gilt, haben wir nach dem Hinzufügen des Quadrats mit der Seite X ein Rechteck mit den Seiten L und X (Abb. 2.18a). Die Längen $L + X$ und L stehen im gleichen Verhältnis wie L und X. Mit anderen Worten: Wenn wir wissen, dass

$L/X = X/(L − X)$ ist, gilt $(L + X)/L = L/X$. Auch wenn wir vom ursprünglichen goldenen Rechteck ein Quadrat entfernen, dessen Seite gleich der kleineren Seite des Rechtecks ist, wird das verbleibende Rechteck ein goldenes sein.

Koppelt man immer wieder in dieser Weise Quadrate an goldene Rechtecke, erhält man durch das Zeichnen eines Viertelkreisbogens in jedem der Quadrate eine Spiralkurve (Abb. 2.18b).

Wer von goldenen Rechtecken fasziniert ist, sieht diese Spirale in vielen Phänomenen wieder, die von der Schale einer Nautilusschnecke bis zur Form unserer Galaxis reichen.

2.3.4 Die goldene Zahl in der Trigonometrie

In der Trigonometrie hilft die goldene Zahl, Sinus und Kosinus von Vielfachen des Winkels $\pi/5$ zu berechnen.

Wir haben in der Schule die Sinus- und Kosinuswerte spezieller Winkel gelernt, die den Bogenmaßen $\pi/2$, $\pi/3$, $\pi/4$, $\pi/6$ und Null entsprechen. Diese Winkel erscheinen auf den Flächen einiger platonischer Körper, wenn sie halbiert werden: $\pi/2$, $\pi/3$ und $\pi/6$ sind die Innenwinkel der Hälfte eines gleichseitigen Dreiecks, während $\pi/2$ und $\pi/4$ die des Dreiecks sind, das man als Hälfte eines Quadrats erhält. Aber was ist mit $\pi/5$?

Wie in der Tabelle der Werte von Kosinus und Sinus (Abb. 2.19) zu sehen ist, gibt es keinen Platz für $\pi/5$ ohne die schöne Symmetrie zu brechen!

Zu diesem ästhetischen Motiv kommt, dass der Wert von $\cos(\pi/5)$ eine irrationale Zahl ist. Auch deren Quadrat ist im Gegensatz zu den anderen Winkel irrational.

Wir beweisen nun, dass $\cos(\pi/5) = \Phi/2$.

θ	$\dfrac{\pi}{2}$	$\dfrac{\pi}{3}$	$\dfrac{\pi}{4}$	$\dfrac{\pi}{6}$	0
$2\cos(\theta)$	$\sqrt{0}$	$\sqrt{1}$	$\sqrt{2}$	$\sqrt{3}$	$\sqrt{4}$
$2\sin(\theta)$	$\sqrt{4}$	$\sqrt{3}$	$\sqrt{2}$	$\sqrt{1}$	$\sqrt{0}$

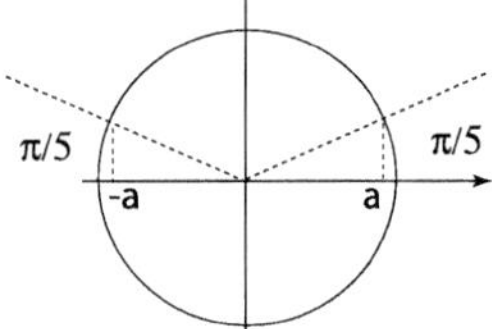

Abb. 2.19 Sinus und Kosinus spezieller Winkel

Sei $a = \cos(\pi/5) > 0$, dann ist $\cos(4\pi/5) = −a$ (Abb. 2.19). Sei $b = \cos(2\pi/5)$.

Also gilt $b = \cos(\pi/5 + \pi/5) = \cos^2(\pi/5) − \sin^2(\pi/5) = 2\cos^2(\pi/5) − 1$. Daher ist $b = 2a^2 − 1$.

Außerdem gilt $−a = \cos(4\pi/5) = \cos(2\pi/5 + 2\pi/5) = 2\cos^2(2\pi/5) − 1$. Also ist $−a = 2b^2 − 1$. Daher ist $b + a = (2a^2 − 1) − (2b^2 − 1) = 2(a + b)(a − b)$, und es gilt $a − b = 1/2$. Also ist $a − 1/2 = b = 2a^2 − 1$, das heißt, $4a^2 − 2a − 1 = 0$.

Schließlich erhalten wir den Wert von $\cos(\pi/5)$ als die positive Wurzel der quadratischen Gleichung $4a^2 - 2a - 1 = 0$, das heißt, $a = (1 + \sqrt{5})/4 = \Phi/2$.

Der Winkel $3\pi/5$ tritt an jeder Ecke eines regelmäßigen Fünfecks auf, und $\pi/5$ ist die Dreiteilung, die die beiden Diagonalen erzeugen, die in jeder Ecke münden. Daher hat der Winkel $\pi/5$, der aus der Gruppe der speziellen Winkel ausgeschlossen ist, eine enge Beziehung zur goldenen Zahl Φ.

2.3.5 Die goldene Zahl und die Quasikristalle

Eine große Fläche mit kleinen Teilflächen zu füllen, ist eine alte Kunst, die als Mosaik bekannt ist.

Die ältesten Mosaike wurden im 3. Jahrtausend v. Chr. in Mesopotamien hergestellt, aber erst im Byzantinischen Reich zwischen dem 11. und 15. Jahrhundert florierte diese Kunst.

Mosaike haben nicht nur eine dekorative Funktion, sie sind auch wichtige historische Zeugen. Die Mosaikkarte von Jerusalem, die auf dem Boden der St. Georgs-Kirche in Madaba, Jordanien, gefunden wurde, stammt aus dem 6. Jahrhundert und beschreibt Details der damaligen Gebäude in dieser Stadt (Abb. 2.20).

Abb. 2.20 Mosaikkarte von Jerusalem

Sind die Teile eines Mosaiks Polygone, die die gesamte Fläche lückenlos ausfüllen, wird das Mosaik als Kachelung bezeichnet. Werden die Muster einer Kachelung wiederholt, spricht man von einer periodischen Kachelung. Es gibt aber auch Kachelungen ohne Wiederholungen. Sie werden als aperiodisch bezeichnet. Verschiebt man in diesem Fall einen Bereich der Kachelung in der Ebene, wird er nie mit einem anderen Bereich der Ebene übereinstimmen.

Der mathematische Physiker Sir Roger Penrose schuf mehrere aperiodische Kachelungen. Eine davon kann die Ebene mit nur zwei Arten von Einzelstücken bedecken. Es sind zwei gleichschenklige Dreiecke mit den Basen ϕ und Φ, den goldenen Zahlen, die bei der Herstellung des Pentagramms entstehen (Abb. 2.21). Es gibt eine Regel, um diese Prototypen so anzuordnen, dass Periodizität vermieden wird.

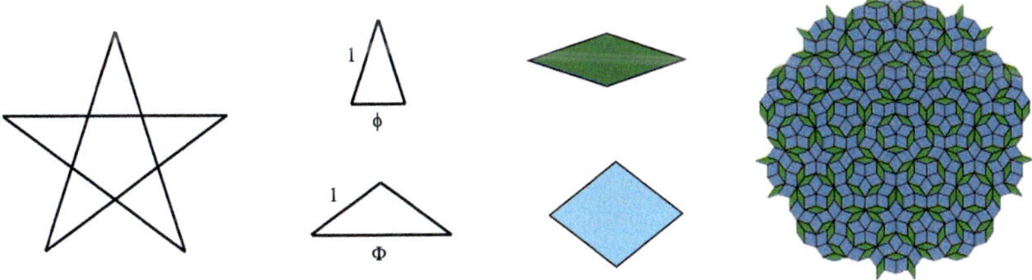

Abb. 2.21 Penrose-Kachelung

Im Jahr 1981 verwendete der britische Kristallograph Alan Lindsay Mackay eine Penrose-Kachelung in zwei und drei Dimensionen, um eine neue geordnete Struktur von Kristallen vorherzusagen, die nach den klassischen Regeln der Kristallographie nicht zugelassen war. Die neuen Kristalle wurden als Quasikristalle bezeichnet.

Penroses aperiodische Kachelungen dienten bis 1984 als mathematische Objekte zur Beschreibung der Quasikristalle mit diesen polyedrischen Strukturen, die sich anders als bei Kristallen nie wiederholen. Es war der Werkstoffingenieur Dan Shechtman, der als erster die unglaubliche Existenz eines Quasikristalls nachwies. Der berühmte Biochemiker Linus Pauling (1901–1994), Nobelpreisträger für Chemie im Jahr 1954, reagierte auf Shechtmans Entdeckung heftig und behauptete, es gebe keine Quasikristalle, sondern nur Quasiwissenschaftler. Pauling kritisierte mehrere Jahre bis zu seinem Tod Shechtmans Arbeit so scharf, dass dieser in gewisser Weise boykottiert wurde. 2011 wurde Shechtmans Entdeckung dann endlich von der Gemeinschaft der Chemiker anerkannt, und der angebliche Quasiwissenschaftler wurde ebenfalls mit dem Nobelpreis für Chemie ausgezeichnet.

2.3.6 Die goldene Zahl und die Mittelwerte

A, G und H seien das arithmetische, geometrische und harmonische Mittel von zwei Größen a und c. Das heißt,

$$A = \frac{a+c}{2} \qquad G = \sqrt{ac} \qquad H = \frac{2ac}{a+c}$$

Für die Zahlen A, G und H gilt die Gleichung $G^2 = AH$, während in der Darstellung der geometrischen Konstruktion der Mittelwerte $H \leq G \leq A$ deutlich wird (siehe Abb. 2.11).

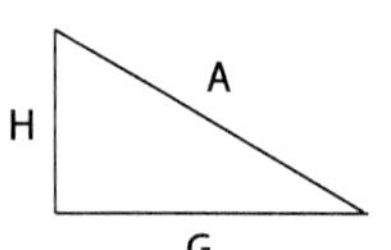

Abb. 2.22 Rechtwinkliges Dreieck

Laut Angelo Di Domenico [3] sind die Mittelwerte A, G und H die Hypotenuse und die Katheten eines rechtwinkligen Dreiecks, wenn und nur wenn $A/H = \Phi$. Aus dem Satz des Pythagoras folgt, dass das Dreieck mit den Seiten A, G und H (Abb. 2.22) ein rechtwinkliges Dreieck ist, wenn und nur wenn $A^2 = H^2 + G^2$ ist. Teilen wir beide Seiten der Gleichung durch H^2 und setzen $G^2 = AH$ ein, erhalten wir $(A/H)^2 = 1 + (G/H)^2 = 1 + (AH/H^2)$.

Daher gilt $(A/H)^2 = 1 + (A/H)$, das heißt, $A/H = \Phi$.

2.3.7   Goldene Rechtecke und das regelmäßige Dodekaeder

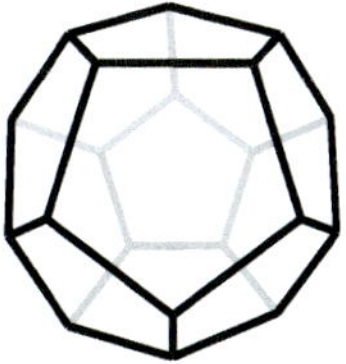

Abb. 2.23 Goldene Rechtecke und ein regelmäßiges Dodekaeder

Sind drei identische goldene Rechtecke rechtwinklig angeordnet, haben sie einen gemeinsamen Punkt, wie Abb. 2.23 zeigt. Verbinden wir die zwölf Eckpunkte dieses Gebildes mit Kanten gleicher Länge, erhalten wir ein regelmäßiges Ikosaeder, das platonische Symbol für Wasser. Die zwölf Eckpunkte spannen auch die zwölf fünfeckigen Flächen eines regelmäßigen Dodekaeders auf, dem Symbol des Universums. Daher hat das regelmäßige Dodekaeder zusätzlich zu seinen fünfeckigen Flächen eine sehr enge Beziehung zur goldenen Zahl.

2.3.8   Die goldene Zahl und die Fibonacci-Folge

Die numerische Folge 1, 1, 2, 3, 5, 8 ⋯, deren n-ter Term jeweils die Summe der beiden vorherigen Terme ist, wurde nach Leonardo Fibonacci (1170–1250) benannt. Wie der Goldene Schnitt zieht die Fibonacci-Folge viele Mystiker an. Sie glauben, dass verschiedene natürliche Phänomene – vom Pflanzenwachstum bis zur Kaninchenvermehrung – durch diese numerische Folge beschrieben werden.

Es gibt tatsächlich eine interessante Beziehung zwischen der goldenen Zahl und der Fibonacci-Folge. Wenn F_n den n-ten Term der Fibonacci-Folge bezeichnet, dann ist $F_n = F_{n-1} + F_{n-2}$. Teilen wir diese Gleichung durch F_{n-1}, erhalten wir:

$$\frac{F_n}{F_{n-1}} = 1 + \frac{F_{n-2}}{F_{n-1}}$$

Ist n sehr groß und strebt gegen Unendlich, strebt der linke Quotient der Gleichung F_n/F_{n-1} gegen eine von Null verschiedene Zahl F, der rechte Quotient F_{n-2}/F_{n-1} aber gegen die Zahl $1/F$. Die obige Gleichung wird dann zu $F = 1 + 1/F$, das heißt, $F^2 = F + 1$. Daher ist $F = \Phi$. Mit anderen Worten: Der Quotient benachbarter Terme der Fibonacci-Folge strebt gegen die goldene Zahl, wenn n gegen Unendlich strebt.

Der italienische Künstler Mario Merz (1925–2003) hat Werke geschaffen, die auf der Fibonacci-Folge basieren. So baute er in seiner Serie *Iglus* Halbkugeln zusammen, deren Radien der numerischen Folge entsprechen [6].

2.3.9   *Johannes Kepler*

Unser Universum ist so schön wie komplex. Es ist daher kein Wunder, dass brillante Köpfe wie Platon ihr Leben der Suche nach einer kosmischen Ordnung gewidmet haben, die vielleicht eine Erklärung unserer Herkunft und unseres Schicksals jenseits unserer kurzen Lebensperiode auf dem Planeten Erde gibt. Vielleicht ist das der Grund, warum bei dieser Suche, die bis heute andauert, die Logik manchmal dem Glauben weicht. In einigen Dialogen ist Platon sogar ganz phantasievoll. So beschreibt er beispielsweise im *Gastmahl* anlässlich der Rede des Aristophanes, wie wir in den frühen Tagen der Menschheit aus ästhetischen Gründen kugelförmig waren, denn nichts ist symmetrischer und schöner als eine Kugel. Wir rollten wie Kugeln herum, die drei Geschlechter hatten: männlich, weiblich und hermaphrodit. Bis eines Tages Zeus als Antwort auf die Anmaßungen der Urzeitmenschen die Kugeln halbierte: Aus der männlichen Kugel entstand ein Paar Männer, aus der weiblichen Kugel ein Paar Frauen und aus der hermaphroditischen Kugel ein Mann und eine Frau. Die Hälften gingen dann in die Welt hinaus. Traf eine Hälfte auf ihre andere Hälfte, erwachte sofort die Leidenschaft. Die Hälften ergänzten sich und wollten für immer zusammen sein.

Platons Werk schuf eine regelrechte Armee von Anhängern, die die Entwicklung der westlichen Zivilisation tiefgreifend beeinflussten. Einer von ihnen, der Mathematiker und Astronom Johannes Kepler (1571–1630), machte kein Geheimnis aus seiner Bewunderung für die platonischen Körper. Kepler war von der Vorstellung eines von einem Gott-Geometer perfekt entworfenen Universums begeistert. Diese große Leidenschaft bestimmten Kepler bis zum Ende seines Lebens.

Als inbrünstiger Christ, der er war, glaubte Kepler, dass seine Arbeiten dem Verständnis des göttlichen Werks der Schöpfung des Universums gewidmet sein sollten. Briefe, die er an seine Kollegen schickte, nahmen mehr und mehr die Form wissenschaftlicher Artikel an. Einige seiner Erkenntnisse sind wichtige Beiträge zum Verständnis des Sonnensystems, so die drei bekannten Gesetze der Planetenbewegung, die ab 1609 veröffentlicht wurden, und eine unglaublich genaue Beschreibung der Umlaufbahn des Mars. Andere Artikel waren jedoch eher das Ergebnis der Wahnvorstellungen eines radikalen Gläubigen.

Keplers berühmtes Buch *Mysterium Cosmographicum*, das 1596 veröffentlicht wurde, präsentiert ein Modell des Sonnensystems mit den sechs zu dieser Zeit bekannten Planeten. Es umfasst die fünf konzentrischen platonischen Körper in einer bestimmten Reihenfolge, durchsetzt mit Kugeln, die jedem der Polyeder umschrieben sind, und mit einer sechsten Kugel, die in das erste Polyeder der Sequenz eingeschrieben ist.

Das Werk enthält eine Zeichnung des Modells (Abb. 2.24) von Christoph Leibfried (1566–1635). Kepler berechnete die Verhältnisse der Radien dieser Kugeln und setzte sie in Beziehung zu den Umlaufbahnen der sechs Planeten im Sonnensystem.

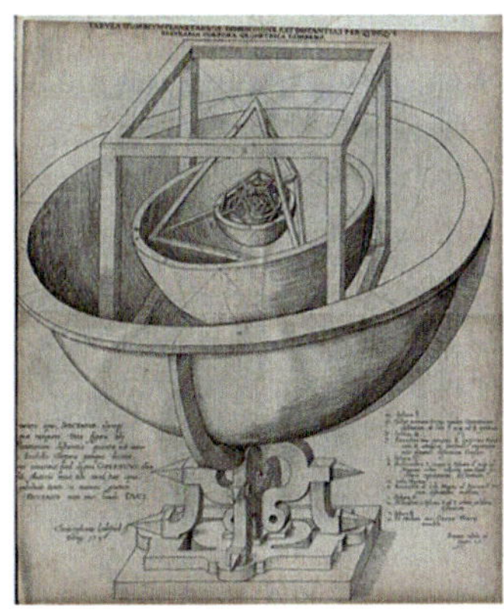

Abb. 2.24 Christoph Leibfried 1597

Im Vorwort schrieb Kepler: *Ich habe mir vorgenommen in diesem Büchlein zu beweisen, daß Gott der Allgütige und Allmächtige bei der Erschaffung unserer beweglichen Welt und bei der Anordnung der Himmelsbahnen jene fünf regelmäßigen Körper, die seit Pythagoras und Plato bis auf unsere Tage so hohen Ruhm gefunden habe, zu Grunde gelegt und ihrer Natur Zahl und Proportionen der Himmelsbahnen, sowie das Verhältnis der Bewegungen angepaßt hat.* [7, S. 114].

Leider entsprachen die Daten aus dem *Mysterium Cosmographicum* nicht denen, die experimentell von dem Dänen Tycho Brahe (1546–1601) ermittelt wurden, und auch nicht denen des Polen Nikolaus Kopernikus (1473–1543). Nach der Entdeckung weiterer Planeten im Sonnensystem wurde Keplers Modell von der wissenschaftlichen Gemeinschaft verworfen. Kline hat es so formuliert: *Seine Vorliebe, das Universum in ein vorgefertigtes mathematisches Muster zu pressen, führte dazu, dass er Jahre damit verbrachte, falschen Spuren zu folgen* [7, S. 113].

Kepler suchte auch in Polyedern nach mystischen Eigenschaften. Ein Beispiel ist ein Polyeder, das aus zwei regelmäßigen Tetraedern besteht, der Sterntetraeder. Kepler nannte es *Stella octangula*, Mystiker nennen es *Merkaba* und glauben, dass das Objekt fantastische Eigenschaften hat und ein Fahrzeug darstellt, um Körper und Seele in andere Dimensionen zu transportieren.

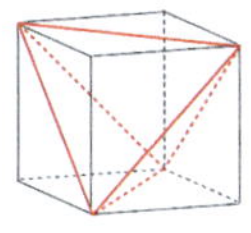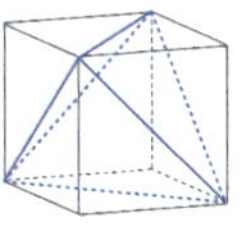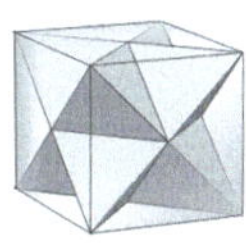

(a)

(b)

Abb. 2.25 (**a**) Stella octangula (**b**) Leonardo da Vinci

Um einen solchen Sterntetraeder zu basteln, beginnt man mit einem Würfel. Auf jeder der sechs quadratischen Flächen wählt man eine der beiden Diagonalen und formt die sechs Kanten eines regelmäßigen Tetraeders (Abb. 2.25a). Durch Überlagerung der beiden Tetraeder, die man aus den beiden möglichen Diagonalen erhält, entsteht der *Stella octangula.*

Eine Zeichnung des *Stella octangula* (Abb. 2.25b) von Leonardo da Vinci (1452–1519) wurde in dem Buch *De divina proportione* veröffentlicht, das 1509 von dem Franziskanermönch Luca Pacioli (1445–1517) geschrieben wurde.

Alchemisten wie Isaac Newton und Anhänger des Christentums wie Johannes Kepler fanden in der Geometrie ein Mittel, um ihren Glauben zu rationalisieren. Daher kann nicht ausgeschlossen werden, dass ein Teil der Entwicklung der Geometrie mit dieser Suche nach einer göttlichen Ordnung im Kosmos zusammenhängt.

Literatur

1. Atyah, M. and Sutcliffe, P; *Polyhedra in Physics, Chemistry and Geometry,* Milan Journal of Mathematics 71, 33–58 (2003).
2. Euclid; *The thirteen books of Euclid's elements,* translated by Sir Thomas Heath, Cambridge University Press 1908.
3. Di Domenico, Angelo; *The golden ratio, the right triangle and the arithmetic, geometric and harmonic means,* Math. Gazette 89, S. 261 (2005).
4. Le Corbusier; *Le modulor,* Harvard University Press, 2nd edition 1958.
5. Markowsky, George; *Misconceptions about the golden ratio,* The College Math. Journal 23, 2–19 (1992).
6. Merz, Mario; https://www.maxxi.art/arte/
7. Kline, Morris; *Mathematics in Western Culture,* Oxford University Press 1953.
8. Plato; *Timaeus,* translated by Benjamin Jowett (1871) http://classics.mit.edu/Plato/timaeus.html

Kapitel 3
Geometrie: Von der Unordnung zur Ordnung

3.1 Euklid

Schon in der Frühgeschichte, 3500 v. Chr., kannte man einen Satz von Techniken, um Flächen, Volumen und Ausmaße von Regionen zu messen und Probleme zu lösen, die damit verbunden waren. Das steht auf Keilschrift-Tontafeln, die im südlichen Mesopotamien, dem heutigen Irak, gefunden wurden.

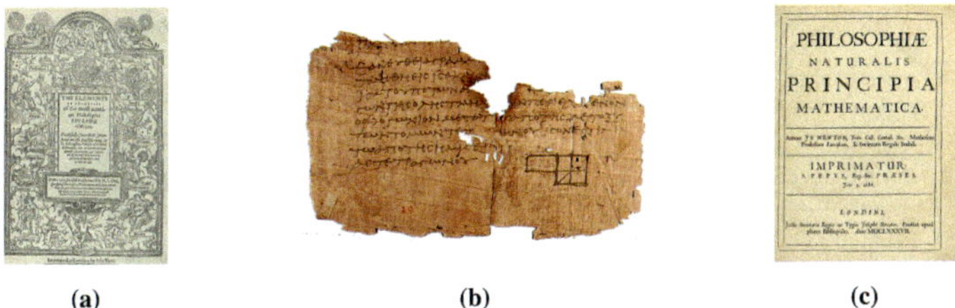

(a) (b) (c)

Abb. 3.1 (**a**) Euklids *Elemente* 1570   (**b**) Papyrusfragment 100 n. Chr.   (**c**) Newtons *Principia* 1687

In diesen Aufzeichnungen, die von der großartigen sumerischen Zivilisation erstellt wurden, feierte man den Triumph der Ordnung über das Chaos. Die sumerischen Techniken, die später in Babylon und im alten Ägypten verbessert wurden, baute die griechische Zivilisation in ein deduktives System ein, das später als Geometrie bezeichnet wurde.

Thales (624 v. Chr.–558 v. Chr.), Pythagoras (570 v. Chr.–495 v. Chr.), Platon (427 v. Chr.–347 v. Chr.), Euklid (325 v. Chr.–265 v. Chr.) und Archimedes (287 v. Chr.–212 v. Chr.) sind einige Namen genialer Griechen, die uns ein außergewöhnliches intellektuelles Erbe hinterlassen haben.

Die deduktive Methode besteht darin, Theoreme aus grundlegenden Aussagen oder Axiomen mithilfe logischer Schlussfolgerungen zu gewinnen. Sie hatte tiefgreifende Auswirkungen auf die Entwicklung der westlichen Zivilisation. Mehrere Wissensbereiche wurden bemerkenswert beeinflusst, insbesondere die Mechanik von Isaac Newton (1643–1727), seine *Principia Mathematica* (Abb. 3.1c), und die Philosophie von Baruch de Spinoza (1632–1677).

Um 300 v. Chr. stellte Euklid ein meisterhaftes Werk mit dem Titel *Elemente* zusammen, in dem er das mathematische Wissen der Zeit aufzeichnete [3]. Das Buch enthält die sogenannte axiomatische euklidische Geometrie. Nach der Bibel gilt es als das am meisten übersetzte, veröffentlichte und studierte Buch in der westlichen Welt.

Die Geschichte, die von den Wegen erzählt, die dieses Werk nahm, um in unsere Lehrbücher zu gelangen, ist voller Abenteuer. Jahrhundertelang investierten Generationen wohlhabender Menschen Geld in Kopien von Euklids Werk, die von spezialisierten Schreibern angefertigt wurden. Das sicherte das Überleben des Werks, da der Papyrus, auf dem es ursprünglich geschrieben worden war, nach wenigen Jahren zerfiel. Ein von englischen Archäologen im späten 19. Jahrhundert in Ägypten gefundenes Fragment (Abb. 3.1b) ist dem Original am nächsten, es stammt aus dem Jahr 100 der christlichen Ära. Die erste lateinische Ausgabe stammt aus dem Jahr 1300, die erste englische Ausgabe (Abb. 3.1a) ist von 1570. Beide Ausgaben sind aus dem Arabischen übersetzt. Die ersten deutschen Ausgaben erschienen 1562 (6 Bücher) und 1723 (alle 13 Bücher).

Euklids Werk, das aus 13 Büchern besteht, ist sehr originell, aber weit davon entfernt, perfekt zu sein.

Buch I beginnt mit einer Liste von Definitionen, von denen einige etwas unklar sind. Nur durch das Lesen des Textes kann man eine Vorstellung von den Absichten des Autors bekommen. Die ersten Definitionen sind [3]:

Definition 1 *Das elementar Bezeichnete, ein Punkt, hat keine Teile.*

Definition 2 *Eine Linie hat eine Länge aber keine Breite*

Definition 3 *Dort, wo sich eine Linie erstreckt, liegen Punkte.*

Definition 4 *Eine Gerade ist eine Linie, die durch Punkte gleichmäßig gegeben ist.*

Eine Länge ohne Breite deutet auf den eindimensionalen Charakter der Linien hin, während der Punkt nulldimensional ist. Wie der deutsche Gelehrte Christoph Friedrich von Pfleiderer (1736–1821) bemerkte, würde allerdings jemand, der zufällig nicht weiß, was eine Gerade ist, kaum von Definition 4 profitieren [3, S. 168].

Historiker diskutieren immer noch, warum Euklid so verwirrende Definitionen vorgelegt haben könnte. Einige fragen sich, warum er nicht wie Archimedes vorgegangen ist, der die Gerade als die kürzeste Verbindung zweier Punkte definierte. Eine mögliche Erklärung liegt in der unterschiedlichen Motivation der beiden Philosophen. Archimedes würde heute als mathematischer Physiker gelten, Euklid hingegen als ein reiner Mathematiker.

Als nächstes definiert Euklid zweidimensionale Objekte.

Definition 5 *Eine Fläche hat Länge und Breite.*

Definition 6 *Dort, wo sich eine Fläche erstreckt, liegen Linien.*

Definition 7 *Eben ist eine Fläche, die durch Gerade gleichmäßig gegeben ist.*

Wieder weisen die Definitionen darauf hin, dass eine Fläche ein zweidimensionales und endlich großes Objekt ist. Die ebene Fläche ist so verwirrend definiert wie ihr eindimensionales Gegenstück, die Linie.

Auch andere der 23 Definitionen in Buch I sind durch ihre mangelnde Klarheit bemerkenswert.

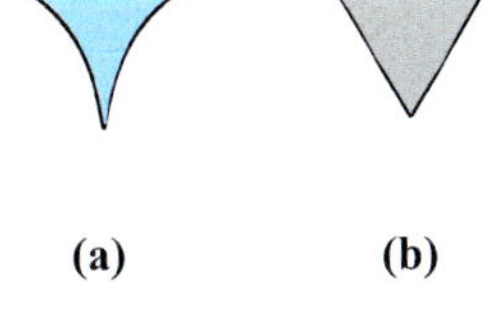

Abb. 3.2 Winkel

Definition 8 *Ein ebener Winkel wird von zwei sich berührenden und nicht aufeinander liegenden Linieneiner Ebene gebildet und benennt die Neigung der einen zur anderen.*

Definition 9 *Wenn es Gerade sind, die einen Winkel bilden, werden sie die Schenkel des Winkels genannt.*

Heute verstehen wir, wie auch Euklid in den meisten Teilen seines Buches, unter „Winkel" den geradlinigen Winkel (Abb. 3.2b) zwischen gegeneinander geneigten Geraden. Aber was ist der Zweck von Definition 8? Deutete Euklid auf die Existenz einer nicht-euklidischen Geometrie hin? Wir werden gleich auf dieses Thema zurückkommen.

Viele Probleme in der physischen Welt kann man mit Hilfe der euklidischen Geometrie und den mathematischen Modellen verstehen und lösen. Der Übergang von abstrakten Konzepten, wie den Definitionen von Euklid, zu mathematischen Modellen des physischen Universums erfordert viele Kompromisse. Generationen von Philosophen haben dieses Thema diskutiert, und die Debatte dauert bis heute an. Weit davon entfernt, eine banale Angelegenheit zu sein, entstehen aus der Suche nach mathematischen Modellen zur Lösung von Problemen der Natur neue Anwendungen der Geometrie.

Alles, was in der physischen Welt existiert, ist dreidimensional. Wir sehen und berühren aber nur die Außenseite, also die zweidimensionale Oberfläche dreidimensionaler Objekte in der Natur. Trotzdem können einige dreidimensionale Objekte gut als physische Modelle von null-, ein- oder zweidimensionalen geometrischen Objekten dienen. Wie bereits erwähnt, ist ein Blatt Papier ein gutes Modell einer ebenen Fläche, da es lang, breit und von vernachlässigbarer Dicke ist. Betrachten wir den Punkt A auf der Fläche, markieren wir ihn auf dem Blatt Papier mit einem Stift. Dieses winzige Tröpfchen Tinte repräsentiert etwas, was keine Teile hat. Dann machen wir dasselbe für einen Punkt B. Von Punkt A zu Punkt B gibt es auf der ebenen Fläche unendlich viele Linien, darunter auch eine Gerade. Um die Gerade zwischen A und B auf dem Blatt Papier darzustellen, zeichnen wir sie mit dem Stift und markieren damit alle Punkte zwischen *A* und *B*. Ein Lineal hilft uns bei der Darstellung eines solchen Segments einer Geraden in der durch das Blatt Papier modellierten Ebene. Das Lineal kann aus einem Stück Holz hergestellt werden, dessen Geradheit wir mit dem Auge überprüfen, wobei wir annehmen, dass sich das Licht längs Geraden verbreitet. Es gibt also viele Übereinkommen, die zu treffen sind, damit man Darstellungen abstrakter geometrischer Objekte erhält.

Abb. 3.3 Bertrand Russell

In einem Interview sagte der britische Universalgelehrte und Nobelpreisträger Bertrand Russell (1872–1970) (Abb. 3.3), dass er seinen ersten Kontakt mit Euklids Werk im Alter von elf Jahren hatte, wobei sein älterer Bruder als Tutor fungierte. Für Russell sollte das zu einem der großen Ereignisse seines Lebens werden, so aufregend wie seine erste Liebe. *Ich hatte mir nicht vorgestellt, dass es etwas so Köstliches in der Welt gibt*, gesteht Russell, für den die Mathematik bis zum Alter von 38 Jahren die Hauptquelle des Glücks gewesen war. Allerdings veröffentlichte Russell schon 1902 einen dreiseitigen Artikel, in dem er schwere Kritik an Euklid äußerte und ihm mangelnde Klarheit vorwarf [7]. Eine wahre Hassliebe.

Vielleicht durch Kritik inspiriert gibt uns Russell eine herrliche Beschreibung der reinen Mathematik: *...so kann Mathematik als das Fach definiert werden, in dem wir nie wissen, worüber wir sprechen, noch ob das, was wir sagen, wahr ist* [5].

Bei dem Versuch einer Erklärung, wie eine so abstrakte Theorie wie die Geometrie bei der Lösung physischer Probleme nützlich sein kann, bezieht sich Russell auf zwei Bereiche: Der eine ist die reine Geometrie Euklids, der andere ist die Geometrie als Zweig der Physik. Bei Euklid werden aus Axiomen Konsequenzen abgeleitet, ohne zu fragen, ob die Axiome wahr sind. Alles wird durch Logik erreicht, ohne dass Bilder nötig sind – obwohl sie sehr bei der Konstruktion der Ableitungen helfen könnten. Die Geometrie als Zweig der Physik ist dagegen eine empirische Wissenschaft, in der Axiome als Schlussfolgerung aus Messungen abgeleitet werden. Sie unterscheiden sich also von den Axiomen Euklids.

Laut Russell erleichtert diese Art von Geometrie das Verständnis dafür, wie sie der Problemlösung dienen kann. Allerdings sollten wir hinzufügen, dass sich die Gesetze der Physik nicht auf geometrische Objekte erstrecken: Das gleiche Objekt kann ebenso zwei Positionen im Raum einnehmen, wie zwei Objekte die gleiche Position einnehmen können.

Mathematische Modelle bieten die Möglichkeit, die Geometrie bei der Lösung von Problemen einzusetzen. Wir können dann die Natur der an einem Problem beteiligten Objekte völlig ignorieren und konzentrieren uns nur darauf, wie die Objekte miteinander in Beziehung stehen. Diese Beziehungen werden Postulate oder Axiome genannt.

Wir wollen uns zwei Mengen von Objekten völlig unterschiedlicher Natur vorstellen. Angenommen, die Beziehungen zwischen den Objekten der einen Menge sind die gleichen wie die zwischen den Objekten der anderen Menge. Die Schlussfolgerungen, die für die Objekte der ersten Menge gelten, gelten dann auch für die Objekte der zweiten Menge.

Die folgenden zwei Beispiele zeigen, wie man die axiomatische Geometrie verwenden kann, um aus einigen Postulaten Theoreme abzuleiten, die – unabhängig von der Natur der Objekte – deren Beziehungen beschreiben. Im ersten Beispiel gehören die Objekte zur Welt der Ideen, während sich das zweite Beispiel auf unsere reale Welt bezieht.

Beispiel 1 (Nach David Hilbert [4])

Postulat 1: Eine Gerade enthält mindestens zwei Punkte.
Postulat 2: Für jeden zwei Punkte A, B gibt es eine Gerade, die jeden der Punkte A, B enthält.
Postulat 3: Für jeden von drei nicht kollinearen Punkten gibt es genau eine Ebene, die sie enthält.
Postulat 4: Liegen zwei Punkte einer Geraden in einer Ebene, liegt jeder Punkt der Geraden in der Ebene.

Theorem *Für eine Gerade und einen Punkt außerhalb von ihr gibt es genau eine Ebene, die beide enthält.*

Beweis Aus Postulat 1 folgt, dass es auf einer Geraden zwei Punkte gibt. Diese beiden Punkte und der Punkt außerhalb der Geraden sind drei nicht kollineare Punkte. Aus Postulat 3 folgt, dass diese drei Punkte eine Ebene bestimmen. Sie enthält zwei Punkte der durch sie bestimmten Geraden (Postulat 2), also enthält die Ebene nach Postulat 4 die gesamte Gerade.

Beispiel 2

Postulat 1: Ein Unternehmer finanziert mindestens zwei korrupte Abgeordnete.
Postulat 2: Für jeden der zwei korrupten Abgeordneten gibt es genau einen Unternehmer, der sie finanziert.
Postulat 3: Für jeden von drei korrupten Abgeordneten, die nicht vom selben Unternehmer finanziert werden, gibt es genau ein öffentliches Unternehmen, das sie finanziert.
Postulat 4: Wenn zwei korrupte Abgeordnete von einem öffentlichen Unternehmen finanziert werden, wird der Unternehmer, der sie finanziert, von dem öffentlichen Unternehmen finanziert.
Wenn wir die obigen Postulate akzeptieren, gilt:

Theorem *Für einen Unternehmer und einen korrupten Abgeordneten, der nicht von diesem Unternehmer finanziert wird, gibt es genau ein öffentliches Unternehmen, das beide finanziert.*

Die Protagonisten des ersten Beispiels, also die Punkte, Geraden und Ebenen, werden im zweiten Beispiel durch korrupte Abgeordnete, Unternehmer und öffentliche Unternehmen ersetzt. Die Mitgliedschaftsbeziehung im Beispiel 1 wird im Beispiel 2 durch die Finanzierungsoperation ersetzt. Das im ersten Beispiel abgeleitete Theorem wird im zweiten Beispiel neu formuliert. Sobald das erste Theorem bewiesen ist, besteht aufgrund der Analogie zwischen den beiden Beispielen keine Notwendigkeit, das zweite zu beweisen. Was in der deduktiven Methode zählt, ist die Art und Weise, wie die Objekte miteinander in Beziehung stehen, selbst wenn sie von unterschiedlicher Natur sind.

In der Geometrie können einige Aussagen in starker Weise auf geometrischen Konstruktionen basieren. Um dies zu veranschaulichen, werden wir drei schöne Theoreme vorstellen, die drei großen Geometern zugeschrieben werden, nämlich Thales, Euklid und Archimedes.

1. **Thales**

Satz 20 aus Euklids Buch III ist als das Theorem des Zentriwinkels oder als Zentriwinkelsatz bekannt, Satz 21 als Peripheriewinkelsatz.

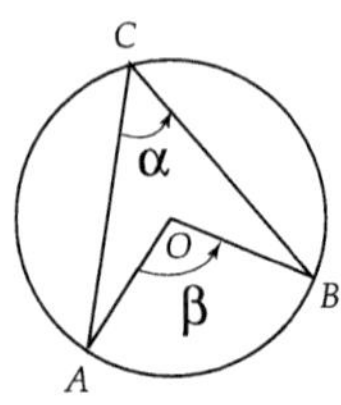

Abb. 3.4 Thales

Wir betrachten einen Kreis mit dem Radius r und dem Zentrum O. A, B und C sind drei Punkte auf dem Kreis. Das Viereck mit den Kanten OA, AC, CB und BO definiert einen Zentriwinkel AOB, den wir β nennen, und einen Peripheriewinkel ACB, den wir α nennen (Abb. 3.5). Das Theorem besagt, dass für jeden Kreis mit den darauf befindlichen Punkten A, B und C $\beta = 2\alpha$ gilt – selbst wenn β größer als 180° ist, und daher einige Kanten des Vierecks kleiner als der Radius des Kreises sind.

Sind die drei Punkte A, O und B ausgerichtet, liegen also auf einer Geraden, ist $\beta = 180°$. Dieses Ergebnis ist als Satz des Thales bekannt. Das Viereck wird in diesem Fall zu einem im Halbkreis eingeschriebenen Dreieck mit $\alpha = 90°$, also zu einem rechtwinkligen Dreieck. Mit anderen Worten: Jedes in einem Halbkreis eingeschriebene Dreieck ist ein rechtwinkliges Dreieck.

Eine Folge von Argumenten, also der Beweis der Aussage, der einen Ungläubigen von der Gültigkeit des Ergebnisses $\beta = 2\alpha$ überzeugen soll, macht Gebrauch von anderen Ergebnissen. Eines dieser Ergebnisse ist als *Pons asinorum* (Eselsbrücke) bekannt. Diese Bezeichnung für ein Ergebnis in Satz 5 in Euklids Buch I soll aus dem Mittelalter stammen. Da es das erste wesentliche Ergebnis in den Elementen ist, glaubt man, dass jeder, der den Beweis nicht versteht, nicht weiterlesen sollte. Das Theorem ist auch als das *Basiswinkelsatz* bekannt: *In einem gleichschenkligen Dreieck sind die Winkel auf der Grundseite, auf der die Schenkel errichtet sind, gleich.* Das heißt, dass für ein Dreieck, das zwei Seiten gleicher Länge hat, auch zwei seiner drei Winkel gleich sind.

Der folgende Beweis des *Pons asinorum* wird Pappus von Alexandria (290–350) zugeschrieben. Er besteht darin, die beiden gleichschenkligen Dreiecke ABC und BAC als gespiegelte Dreiecke zu betrachten (Abb. 3.4a). Da diese beiden Dreiecke gleiche Schenkel haben, sind auch jeweils alle drei Winkel gleich, insbesondere ist auch der Winkel an der Ecke A des Dreiecks ABC gleich dem an der Ecke B des Dreiecks BAC. Daher sind die Basiswinkel jedes gleichschenkligen Dreiecks gleich.

Der schon erwähnte Mathematiker Lewis Carroll betrachtete diesen Beweis von Pappus als einen Witz, einen *Irish bull*, da dabei dasselbe Dreieck gleichzeitig an zwei verschiedenen Orten sein muss. Als Antwort auf diesen Einwand würde Bertrand Russell sagen: *Na und!?*

Um den Zentri- und Peripheriewinkelsatz zu beweisen, halten wir fest, dass in dem Viereck $OABC$ die Kanten OA und OB Längen haben, die gleich dem Radius r sind.

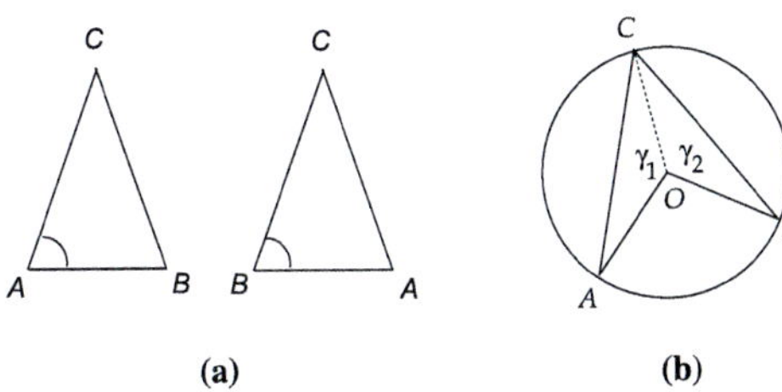

Abb. 3.5 Pons asinorum

Betrachten wir nun eine neue Kante OC (Abb. 3.4b), die ebenfalls die Länge r hat. Sie teilt das Viereck $OABC$ in zwei gleichschenklige Dreiecke. Dadurch wird der Winkel α zweigeteilt, sagen wir, in α_1 und α_2. Auch der Winkel $\gamma = 2\pi - \beta$ wird geteilt, sagen wir in γ_1 und γ_2. Da das Dreieck AOC gleichschenklig ist, sind die Winkel an der Basis gleich und daher ist der Winkel an der Ecke A gleich α_1. Das Gleiche geschieht mit dem gleichschenkligen Dreieck BOC, in dem der Winkel an der Ecke B gleich α_2 ist.

Da wir wissen, dass die Summe der Innenwinkel eines beliebigen Dreiecks gleich π (180°) ist, erhalten wir die folgenden Gleichungen: $\gamma_1 + 2\alpha_1 = \pi$ und $\gamma_2 + 2\alpha_2 = \pi$. Daher ist $\beta = 2\pi - \gamma = 2\pi - (\gamma_1 + \gamma_2) = 2\pi - ((\pi - 2\alpha_1) + (\pi - 2\alpha_2)) = 2(\alpha_1 + \alpha_2) = 2\alpha$.

Abb. 3.6 Gegenüberliegende Winkel

Die Folge dieses Satzes ist, dass die Summe der gegenüberliegenden Winkel oder Scheitelwinkel α und β eines beliebigen in einen Kreis eingeschriebenen Vierecks gleich π (180°) ist (Abb. 3.9). Die Innenwinkelsumme beträgt 2π (360°).

2. Euklid

Betrachten wir nun einen Kreis mit dem Mittelpunkt O und zwei Sehnen (Strecken innerhalb des Kreises, deren Endpunkte auf dem Kreis liegen), die sich an einem Punkt C innerhalb des Kreises kreuzen (Abb. 3.8a). Euklids Theorem besagt $a_1 a_2 = b_1 b_2$.

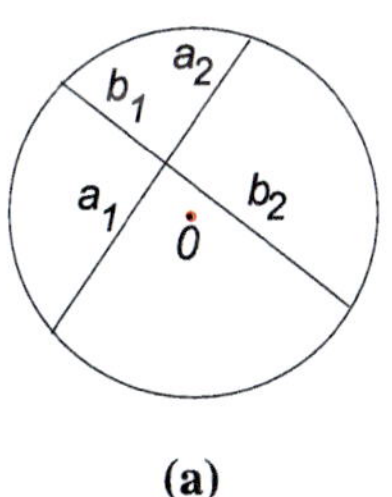

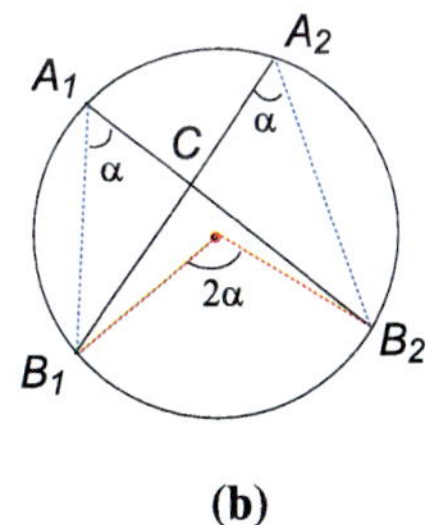

(a)   (b)

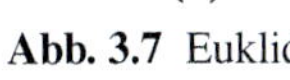

Abb. 3.7 Euklid

Der Beweis macht Gebrauch von dem vorherigen Satz.

Die beiden Dreiecke CA_1B_1 und CA_2B_2, die durch die Sehnen und die gepunkteten Geraden gebildet werden (Abb. 3.8b), sind kongruente Dreiecke, weil alle ihre jeweiligen Winkel gleich sind. Daher ist $a_1/b_1 = b_2/a_2$.

3. **Archimedes**

Der Bereich, der von drei sich tangential berührenden Halbkreisen begrenzt wird, von denen zwei innerhalb des dritten liegen, und deren Zentren kollinear sind, wird mit *Arbelos* bezeichnet, dem griechischen Wort für „Schustermesser".

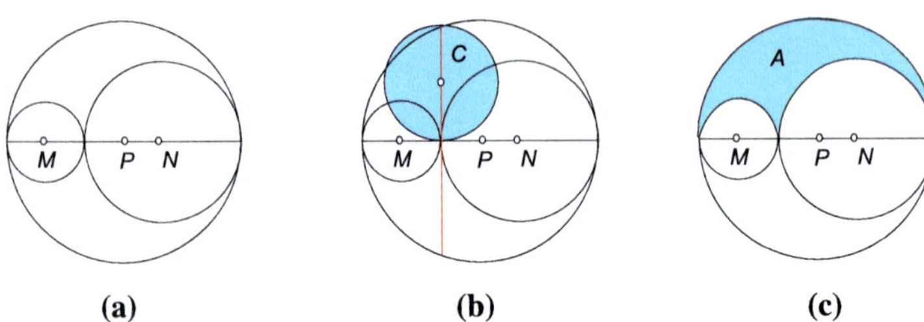

Abb. 3.8 Archimedes, Arbelos

Betrachten wir nun den Arbelos, der durch die Halbkreise mit den Zentren M, N und P bestimmt wird und dessen Fläche gleich A ist (Abb. 3.6c). Dann betrachten wir die Strecke senkrecht zum Durchmesser des größeren Kreises, die durch den Berührungspunkt der beiden inneren Kreise läuft. Ihre Enden liegen auf dem größeren Kreis (Abb. 3.6b). Die Fläche des Kreises, der die Hälfte dieser senkrechten Strecke zum Durchmesser hat, sei C. Der Satz des Archimedes besagt, dass die Flächen des Arbelos und des Kreises C übereinstimmen, dass also $A = C$ gilt.

Für einen Beweis betrachten wir die Radien der inneren Kreise r_1 und r_2, den Radius des größten Kreises r und s, den Radius des Kreises C. Es gilt $r = r_1 + r_2$. Nun wenden wir den Satz des Euklid auf die Sehnen an, die durch den Durchmesser des größten Kreises und das senkrechte Segment gegeben sind, und erhalten $(2s)(2s) = (2r_1)(2r_2)$. Daher gilt $s^2 = r_1 r_2$ und $C = \pi s^2 = \pi r_1 r_2$. Subtrahieren wir die Flächen der kleineren Halbkreise von der Fläche des größeren Halbkreises, erhalten wir die Fläche A des Arbelos: $A = (\pi r^2)/2 - \pi(r_1^2 + r_2^2)/2$. Schließlich ergibt die Substitution von $r^2 = r_1^2 + r_2^2 + 2r_1 r_2$ $A = \pi r_1 r_2 = C$.

Ein weiterer Beweis dieses Ergebnisses, der nur auf Bildern und dem verallgemeinerten Satz des Pythagoras (Kap. 2) basiert, wurde von Roger B. Nelsen [6] veröffentlicht.

Der verallgemeinerte Satz des Pythagoras wird auf drei rechtwinklige Dreiecke angewendet, an deren Katheten und der Hypotenuse Halbkreise angehängt sind

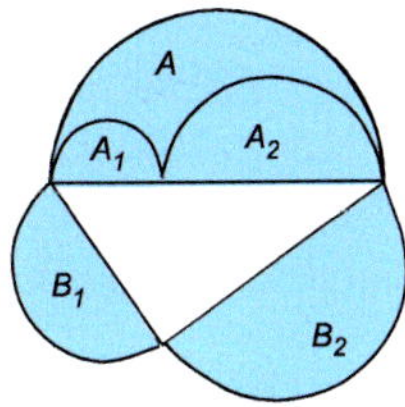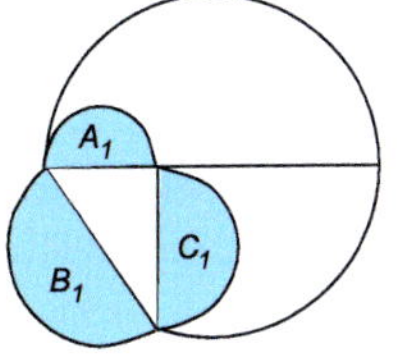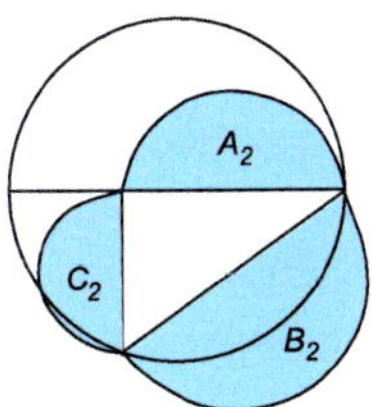

Abb. 3.9 Roger B. Nelson, Arbelos

(Abb. 3.7). Die Halbkreise auf den Katheten haben die Flächen A_1, A_2 und C_1, C_2, die Halbkreise auf den Hypotenusen haben die Flächen B_1, B_2.

Zu beachten ist noch, dass $C_1 + C_2 = C$ ist.

Daher gilt $A + A_1 + A_2 = B_1 + B_2$, $B_1 = A_1 + C_1$ und $B_2 = A_2 + C_2$. Daraus folgt $A = C_1 + C_2 = C$.

Auf diese Weise wird aus der Kombination von Ergebnissen eine endlose Folge neuer Ergebnisse abgeleitet. Die Geometrie ist ein Feld, das sich ständig im Bau befindet, oder besser gesagt: Die Ergebnisse der Geometrie sind in der Welt der Ideen alle vorhanden. Wie man im antiken Griechenland geglaubt hat, ist alles, was der Geometer tun muss, sie zu finden.

3.2   Euklidische und Nicht-Euklidische

Nach heftiger Kritik wurde Euklids Werk viele Male neu geschrieben.

Abb. 3.10 David Hilbert

1899 veröffentlichte David Hilbert (1862–1943) (Abb. 3.10) eine Version seiner *Grundlagen der Geometrie* [4], in der er mehrere Ungenauigkeiten in Euklids Buch korrigierte. Während Euklid von fünf Axiomen ausging, forderte Hilbert 20 (vier davon haben wir im obigen Beispiel 1 verwendet). Es dauerte nicht lange, bis Hilbert auch Ungenauigkeiten in seiner eigenen Arbeit fand. Er veröffentlichte dann weitere Versionen, um schließlich mit der siebten zufrieden zu sein.

Das fünfte der Postulate Euklids wurde als Parallelenpostulat oder -axiom bekannt und war lange Zeit Anlass für Streitigkeiten unter den Mathematikern wegen seines aussagekräftigen Charakters. Es gab viele erfolglose Versuche, das fünfte Axiom aus den anderen vier abzuleiten. 1868 demonstrierte der italienische Mathematiker Eugenio Beltrami (1835–1900) die Unabhängigkeit des fünften Postulats von den anderen vier und beendete die Kontroverse.

Hilbert behielt Euklids fünftes Postulat in seiner Liste von 20 (und später 21) Axiomen, formulierte es aber wie folgt [4, S. 15]: *In einer Ebene α lässt sich durch einen Punkt A außer einer Geraden a stets eine Gerade ziehen, welche jene Gerade a nicht schneidet. … Dieselbe heißt die Parallele zu a durch A.* Dies ist auch als Playfair-Axiom bekannt, benannt nach dem schottischen Mathematiker John Playfair (1748–1819).

Axiomatische Systeme, die die Bedingungen der Nicht-Widersprüchlichkeit und Unabhängigkeit erfüllen, ermöglichen den Aufbau von Theorien. Selbst die Negation einiger Axiome eines Systems unabhängiger Axiome ohne Widersprüche kann zu kohärenten Theorien führen.

Abb. 3.11 Omar Khayyam

Insbesondere im Falle der euklidischen Geometrie ermöglichten Negationen des Parallelenpostulats die Schaffung von perfekt kohärenten Geometrien, die sich von der euklidischen Geometrie unterschieden – sehr zum Leidwesen der Verfechter der Einheit der Wahrheit.

Einer der Ersten, der Alternativen zum fünften Axiom vorstellte, war der Perser Omar Khayyam (1048–1131) (Abb. 3.11). Er verfasste Texte, die lange ignoriert wurden, aber heute als bemerkenswerte Beiträge zum Studium der Geometrie betrachtet werden.

Die meisten unserer Geschichtsbücher stellen Omar Khayyam als muslimischen Dichter dar, den Autor der *Rubaiyats* (dt. u.a. *Die Sinnsprüche Omars des Zeltmachers*). Der portugiesische Dichter Fernando Pessoa (1888–1935) legte seinem Alter Ego Ricardo Reis mehrere Gedichte in den Mund, die auf Khayyams Vierzeilern basieren. Khayyam war jedoch nicht nur ein Dichter, sondern auch ein großer Mathematiker.

Khayyam scheint darüber verärgert gewesen zu sein, dass Euklid einerseits Banalitäten vorstellte, aber andererseits Aussagen ohne zufriedenstellende Erklärungen traf. Khayyam beschloss 1077, eine eigene Arbeit schreiben, der er den Titel *Discussion of difficulties in Euclid* gab [8]. Der Text enthält anstelle des Parallelenpostulats fünf neue Postulate. Darauf aufbauend demonstriert Khayyam die Lehrsätze 29 und 30 aus Euklids Buch I, die die ersten sind, bei denen Euklid sein fünftes Postulat verwendet. Darüber hinaus trifft Khayyam Aussagen einer neuen Geometrie, die nicht euklidisch ist.

In einem anderen Werk Khayyams findet man das, was heute als das Dreieck Blaise Pascals (1623–1662) bekannt ist, und man findet eine geometrische Lösung für bestimmte algebraische Gleichungen dritten Grades – vier Jahrhunderte vor einer allgemeinen Lösung, die Niccolò Tartaglia (1499–1557) und Gerolamo Cardano (1501–1576) angeben. Es gibt keine Zweifel: Omar Khayyams Mathematik war ihrer Zeit weit voraus.

Der Jesuit Gerolamo Saccheri (1667–1733) schrieb ein Buch mit dem Titel *Euclides ab Omni Naevo Vindicatus* (dt. *Euklid von allen Fehlern bereinigt*). Es

Abb. 3.12 Saccheri 1733

wurde nach der Billigung durch die Inquisition und die Jesuiten zwei Monate nach seinem Tod veröffentlicht (Abb. 3.12). Darin präsentiert Saccheri Studien, die ebenfalls zur Entwicklung der Geometrie beitrugen und vieles aus Khayyams Schriften wiederholten.

Man weiß nicht, ob Saccheri Zugang zu Khayyams Arbeiten hatte. Saccheri leugnet das fünfte Postulat und kam der Formulierung einer nicht-euklidischen Geometrie sehr nahe.

Mehrere Mathematiker beteiligten sich an der Formalisierung von nicht-euklidischen Geometrien, insbesondere Nikolai Lobatschewski (1792–1856), János Bolyai (1802–1860) und Bernhard Riemann (1826–1866).

Diese neuen Geometrien sind wie die euklidische Geometrie, die über 2000 Jahre lang allein dastand, konsistente Theorien. Dieser Wendepunkt kann als der Beginn der Moderne in der Geometrie gesehen werden.

Zwei solche nicht-euklidische Geometrien sind die hyperbolische Geometrie und die elliptische Geometrie (auch sphärische Geometrie genannt). Beide sind das Ergebnis der Negation des fünften Axioms, nachdem es durch einen Punkt außerhalb einer gegebenen Geraden eine Gerade gibt, die parallel zur gegebenen ist. Es gibt zwei Möglichkeiten, diese Aussage zu negieren: Durch einen Punkt außerhalb einer gegebenen Geraden verläuft mehr als eine Gerade parallel zur gegebenen – oder weniger als eine, also keine. Mit einer angemessenen Interpretation des Konzepts einer Geraden ergibt die erste Negation die hyperbolische Geometrie, in der durch einen Punkt außerhalb einer Geraden unendlich viele Parallelen zur gegebenen Gerade verlaufen. Aus der zweiten Negation ergibt sich die elliptische Geometrie, in der es für einen Punkt außerhalb einer Geraden keine Parallele zur gegebenen Gerade gibt.

Die Ebenen dieser nicht-euklidischen Geometrien, nämlich die hyperbolische Ebene und die elliptische Ebene (Abb. 3.13), nehmen in unserem dreidimensionalen Raum das Aussehen von gekrümmten Flächen an. Im hyperbolischen Fall ist es ein hyperbolisches Paraboloid. Seine Fläche hat im Gegensatz zur euklidischen Ebene, deren Krümmung Null ist, eine negative Krümmung. Im elliptischen Fall ist es eine Kugel, die eine Oberfläche mit positiver Krümmung hat. Auf ihr sind alle Geraden Kreisbögen von maximalem Durchmesser, die auch *Geodäten* genannt werden.

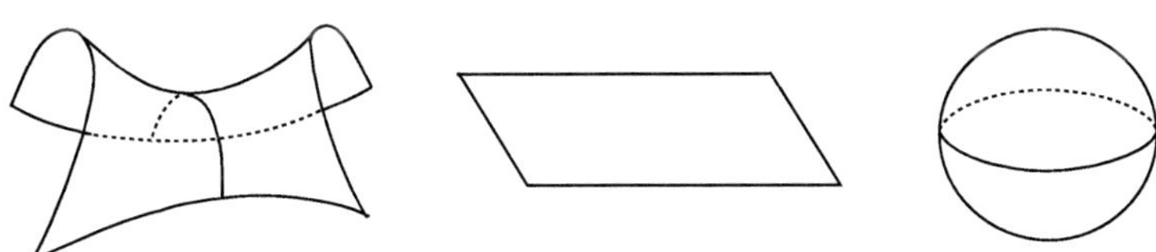

Abb. 3.13 Hyperbolische, euklidische und elliptische Ebenen

Durch zwei Punkte auf der Kugel gibt es eine Geodäte, die der durch zwei Punkte auf der euklidischen Ebene definierten Geraden entspricht (Abb. 3.14).

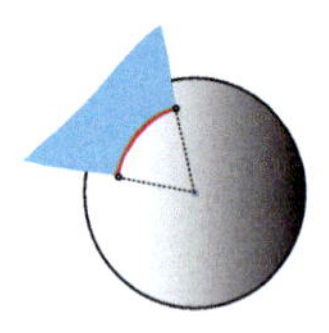

Im Allgemeinen bilden die beiden Punkte auf der Kugel zusammen mit dem Kugelzentrum drei Punkte, die nicht ausgerichtet sind. Durch sie verläuft eine einzige Ebene. Diese Ebene schneidet die Kugel in einem Kreis von maximalem Durchmesser. Das kleinere von den beiden Punkten auf der Kugeloberfläche begrenzte Kreissegment ist die Geodäte.

Abb. 3.14 Geodäte

In der Luft- und Seefahrt helfen Geodäten, den kürzesten Weg zwischen zwei Punkten auf unserem Planeten zu finden.

Durch Nord- und Südpol der Kugel gibt es unendlich viele Geodäten, da die Pole mit dem Kugelzentrum ausgerichtet sind.

Da der Geodätenbogen auf der Kugel einer Strecke in der Ebene entspricht, schneiden sich in der sphärischen Geometrie alle Geraden; es gibt keine Parallelen. Euklids Postulat 2, das besagt, dass die Geraden sich so weit erstrecken, wie man möchte, gilt in der sphärischen Geometrie nicht. Es gibt in der sphärischen Geometrie noch weitere Einschränkungen. Zum Beispiel gibt es nicht notwendigerweise ein gleichschenkliges Dreieck für eine gegebene Basis, wie es in der euklidischen Geometrie der Fall ist.

Nicht-euklidische Geometrien können seltsam erscheinen, weil wir für unsere Darstellungen den Raum der euklidischen Geometrie zugrundelegen. Auch das Gegenteil könnte seltsam erscheinen. Stellen wir zum Beispiel unseren Planeten als eine Kugel dar, sind, wie erwähnt, für den Luftverkehr die Geodätenbogen zwischen den Flughäfen die kürzesten Routen.

Auf einer Weltkarte, einer Darstellung der sphärischen Geometrie in der euklidischen Ebene, sind diese Routen aber keine Geraden, die in der euklidischen Ebene die kürzesten Wege zwischen zwei Punkten sind.

Es gibt andere Darstellungen der Ebenen nicht-euklidischer Geometrien im euklidischen Raum. Eine davon stellt die Linien der hyperbolischen Ebene in der euklidischen Ebene dar. Sie ist als Poincaré-Scheibe bekannt (Abb. 3.15). Dieses Modell wurde in mehreren Zeichnungen vom niederländischen Illustrator Maurits C. Escher (1898–1972) [2] erforscht.

Abb. 3.15 Poincaré-Scheibe

Wir wollen nun weitere Definitionen aus Buch I von Euklid angeben und einige von ihnen in nicht-euklidischen Geometrien interpretieren.

In den *Elementen* lauten die Definitionen 13 und 14 wie folgt:

Definition 13 *Am Äußersten, wohin sich etwas erstreckt, wird es begrenzt.*

Definition 14 *Eine Figur ist eine Fläche, die durch die Grenzen, in denen sie liegt, bezeichnet wird.*

Wieder einmal formuliert Euklid seine Definitionen nicht sehr gut. In diesem Fall ist weder die Bedeutung von „am Äußersten" noch von „in denen sie liegt" klar.

Definition Nummer 19 befasst sich mit einer bestimmten Figur:

Definition 19 *Die Seiten gradliniger Figuren sind gerade Strecken; Dreiecke haben drei, Vierecke vier, Polygone haben mehr als vier Seiten.*

Einige Forscher glauben, dass diese Definition nicht in Euklids Original zu finden war, da er immer Figuren nach der Anzahl der Winkel und nicht der Anzahl der Kanten beschreibt. Sowohl in der hyperbolischen wie auch der elliptischen Geometrie erscheinen Objekte, die euklidischen Geraden entsprechen, als gekrümmt, wenn sie in den entsprechenden Ebenen gezeichnet werden, die wiederum im dreidimensionalen euklidischen Raum dargestellt werden.

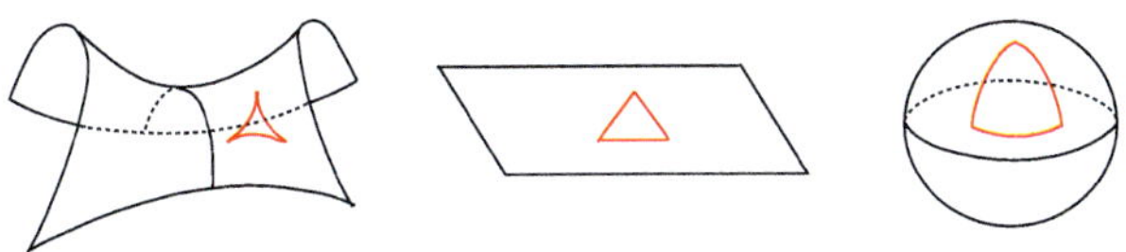

Abb. 3.16 Dreiecke in hyperbolischen, euklidischen und elliptischen Ebenen

So zeigt sich, dass Dreiecke in der hyperbolischen Ebene die exotische Eigenschaft haben, eine die Summe ihrer Innenwinkel kleiner als 180° zu haben, während in der elliptischen Geometrie die Summe der Innenwinkel eines beliebigen Dreiecks größer als 180° ist (Abb. 3.16).

Der Name des großen deutschen Mathematikers Carl Friedrich Gauss (1777–1855) wird von mehreren Historikern als Formulierer neuer Geometrien erwähnt, aber seine Beteiligung ist umstritten. Der Mathematikhistoriker Jeremy Gray argumentiert, dass Gauss mehr an der Geometrie des physischen Raums als an den zugrundeliegenden Axiomen interessiert war und sich beim Thema nicht-euklidischer Geometrien eher als Naturwissenschaftler denn als Mathematiker erwies.

Eine der am meisten diskutierten Fragen zu diesem Thema ist, ob Gauss empirische Tests durchgeführt hat, um herauszufinden, ob die Summe der Winkel eines riesigen Dreiecks, das durch die Gipfel dreier Berge in Deutschland definiert war, weniger als 180° betrug. Daraus würde folgen, dass die Geometrie des Universums hyperbolisch ist. Allerdings wäre selbst in einem so großen Dreieck die Abweichung der Summe der Innenwinkel von 180° winzig und für jedes Messinstrument zu klein.

In seinem Aufsatz *Geometrie und Erfahrung* beschreibt Einstein 1921 Bernhard Riemanns Vorschläge für ein hypersphärisches Universum mit einer elliptischen Geometrie.

Schließlich ist es noch erwähnenswert, dass die Begriffe Ellipse und Hyperbel im antiken Griechenland vom Geometer Apollonius von Perga (262 v. Chr.–190

v. Chr.) geprägt wurden. Bei Texten bezeichnet heute eine Ellipse die Auslassung von Satzgliedern, eine Hyperbel dagegen ein Übermaß von Ausdrücken. Im Falle nicht-euklidischer Geometrien hat ein Kreis mit dem Radius r in der hyperbolischen Ebene einen Umfang, der größer ist als $2\pi r$ ist, während in der elliptischen Geometrie der Umfang des Kreises kleiner als $2\pi r$ (Abb. 3.17) ist.

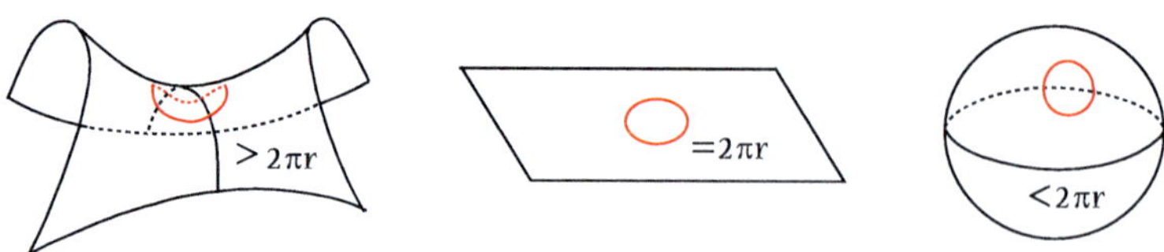

Abb. 3.17 Kreise in hyperbolischen, euklidischen und elliptischen Ebenen

3.3 Felix Klein

Abb. 3.18 Felix Klein

Da die Entwicklung der Mathematik im Wesentlichen evolutionär voranschreitet, sind Momente eines Paradigmenwechsels selten.

Im Prozess der Formalisierung von Geometrien gab es aber eine bemerkenswerte Revolution. Sie ist das Ergebnis des Programms *Vergleichende Betrachtungen über neuere geometrische Forschungen* von Felix Christian Klein (1849–1925) (Abb. 3.18), das er 1872 zum Antritt seiner Professur an der Universität Erlangen vorstellte. Seine Thesen wurden als *Erlanger Programm* bekannt. Für Klein ist eine Geometrie in einem Raum das Ergebnis der Wirkung einer Äquivalenzrelation (Kongruenz), die durch eine Reihe geeigneter Transformationen definiert ist. Eine Geometrie organisiert die Objekte des Raums in Klassen; alle Objekte derselben Klasse sind gemäß der Äquivalenzrelation, die diese Geometrie definiert, gleichwertig.

Die Maxime von Kleins Programm war, Geometrien ohne Axiome zu schaffen. Dieser Vorsatz ist ein Beispiel für das, was Gaston Bachelard (1884–1962) als neuen wissenschaftlichen Geist definierte [1].

Wird eine Geometrie auf einen gegebenen Raum angewendet, tritt etwas auf, das analog zu den mythologischen Beschreibungen der Schöpfung des Universums ist, wenn ein Gott-Geometer den Übergang von Chaos zu Ordnung vorantreibt: In einem Raum, in dem eine Geometrie installiert ist, werden die Objekte gemäß der Äquivalenzrelation organisiert, die die Geometrie definiert. Es ist der Übergang von Unordnung (Abb. 3.19a) zu Ordnung (Abb. 3.19b).

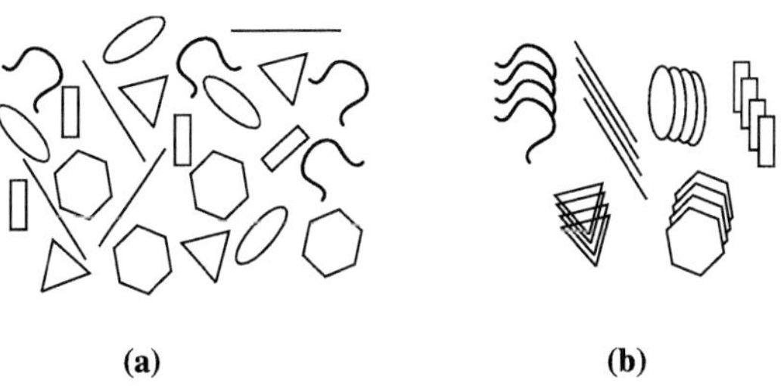

(a)   (b)

Abb. 3.19 Von Unordnung zu Ordnung

Genauer gesagt: Nach Klein wird eine Geometrie durch eine Menge von Objekten (Punkten) S und eine Gruppe G von Transformationen von S konstituiert. Eine Figur ist eine Teilmenge von S. Eine g-Eigenschaft ist eine Eigenschaft, die unter der Wirkung der Gruppe G invariant ist. Die Figuren P und Q sind g-kongruent, wenn es eine Transformation g von G gibt, die P zu Q führt. Da g-Eigenschaften unter der Wirkung von G invariant sind, folgt daraus, dass P und Q die gleichen g-Eigenschaften haben, wenn sie g-kongruent sind.

Es gibt somit mehrere Geometrien, die im selben Raum betrachtet werden können, wobei jede von ihnen einen Organisationsprozess etabliert.

Mit Kleins Programm beginnt die Postmoderne in der Geometrie. Projektive Geometrie, hyperbolische Geometrie und Topologie sind einige dieser nicht-euklidischen Geometrien, die durch das *Erlanger Programm* einfach beschrieben werden.

Je nach den Transformationen, die die Geometrie definieren, ändert sich unsere Wahrnehmung der Objekte im Raum. In der hyperbolischen Geometrie verlaufen zum Beispiel unendlich viele Geraden parallel zu einer gegebenen Geraden durch einen Punkt außerhalb der Geraden.

Aus Kleins Sicht ist die euklidische Geometrie das Ergebnis der Äquivalenzrelation, die durch isometrische Transformationen (Translation, Rotation und Reflexion) definiert ist: Zwei Objekte sind kongruent, wenn eines über das andere bewegt werden kann und sie übereinstimmen.

Die euklidische Geometrie untersucht den Raum, dessen Objekte Eigenschaften haben, die sich nicht ändern, wenn eine starre Bewegung auf sie angewendet wird. Daher etabliert diese Geometrie einen Organisationsprozess, in dem die Äquivalenzrelation zwischen den Objekten ihre metrischen Eigenschaften, wie Längen, Flächen, Winkel usw. beibehält.

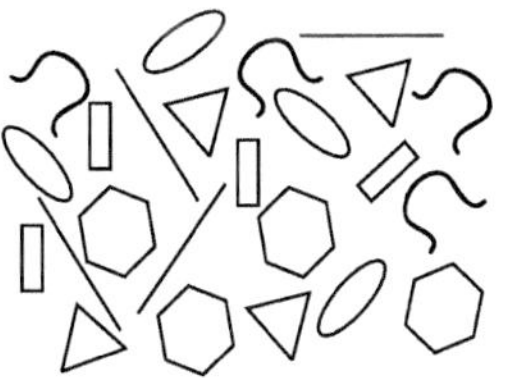

Abb. 3.20 Euklidische Ordnung

Sobald die euklidische Ordnung auf einen Raum angewendet wird, werden seine Objekte in Klassen organisiert, die durch Isometrien definiert sind; das heißt, jedes Objekt repräsentiert alle diejenigen, die ihm aufgrund isometrischer Transformationen gleichen (Abb. 3.20).

In der Proposition 4 des Buches I von Euklids *Elementen*, bekannt als *Kongruenzsatz* über Winkel und Seiten des Dreiecks, gibt es einen Prozess der Überlagerung von Figuren. Obwohl das Konzept der Kongruenz in Euklids meisterhaftem Werk nicht explizit benannt wird, hat man den Eindruck, dass Euklid Kleins Vorschläge 2000 Jahre zuvor vorweggenommen hat.

Um einen Körper zu bewegen, muss es einen Platz für ihn geben, den er einnehmen kann. Die Vorstellung von Ort, Raum und Materie wird in einer der wenigen erhaltenen Schriften des griechischen Philosophen Archytas (428 v. Chr.–347 v. Chr.) diskutiert. Nach Archytas nimmt ein Körper einen Ort ein und kann ohne ihn nicht existieren. Für Archytas sind der Raum, in dem alle Phänomene auftreten, und die Vorstellung eines Orts a priori vorhanden.

Wie wir gesehen haben, erfordert der Einsatz der Geometrie zum Verständnis des physischen Raums bei der Lösung konkreter Probleme einen Prozess der Assoziation der Ideen mit den Dingen. Diese Assoziation ist ziemlich hintergründig, da die Dinge der physischen Welt unfertig sind, die Ideen hingegen perfekt. Wenn Euklid seine grundlegenden Vorstellungen beschreibt, wie zum Beispiel einen Punkt, der keine Teile hat, eine Linie, die nur eine Länge hat und eine Fläche, die nur Länge und Breite hat, zeigt er den null-dimensionalen Charakter des Punktes, den eindimensionalen Charakter der Linie und den zweidimensionalen Charakter der Fläche. Punkt, Linie und Fläche sind Vorstellungen und existieren nicht als Objekte der Natur. Wir können sie jedoch durch bestimmte dreidimensionale physische Modelle repräsentieren – wie alle Objekte um uns herum, die Eigenschaften haben, die den theoretisch vorgestellten ähnlich sind.

Abb. 3.21 *Tripartite Unity*

Zum Beispiel wird im Bereich der Materialwissenschaft auf zweidimensionale Flächen Bezug genommen, wenn es um extrem dünne Materialien geht.

In der Kunst hat das Metallblech, das Max Bill (1908–1994) zur Herstellung der Skulptur *Tripartite Unity* (Abb. 3.21) verwendet hat, im Vergleich zu seiner Breite und Länge eine so reduzierte Dicke, dass es als Darstellung einer euklidischen Fläche dient. Das Werk wurde auf der ersten *Bienal de Artes de São Paulo* im Jahr 1951 mit dem ersten Preis ausgezeichnet und gehört nun dem Museum of Contemporary Art der Universität von São Paulo (USP). Im nächsten Kapitel werden wir die durch diese Skulptur dargestellte Fläche analysieren und Licht auf den Titel werfen, den der Künstler ihr gegeben hat.

Dass gekrümmte Linien und verdrehte Flächen nicht-euklidisch sind, wird häufig behauptet. Solche Objekte können aber sowohl zur euklidischen als auch zur nicht-euklidischen Geometrie gehören, da das, was die eine und die andere Geometrie bestimmt, die relationalen Eigenschaften zwischen den Objekten sind, die durch die Geometrie des zugrundeliegenden Raumes definiert sind.

Abb. 3.22 Heydar Aliyev Center

Das Gebäude des Heydar Aliyev Centers in Aserbaidschan (Abb. 3.22) der Architektin Zaha Hadid (1950–2016) hat ein Dach, das einem Ausschnitt des Modells der hyperbolischen Ebene ähnelt, das in unserem physischen Raum dargestellt ist, was nicht bedeutet, dass das Werk eine hyperbolische Geometrie hat.

So wie die euklidische Geometrie nach Klein durch starre Bewegungen definiert wird, werden nicht-euklidische Geometrien durch andere Äquivalenzrelationen definiert, die sich von Isometrien unterscheiden. Beispielsweise ist die Topologie eine Geometrie, die durch die Äquivalenzrelation der *Homöomorphismen* definiert wird. Sie bestehen aus kontinuierlichen Transformationen, die kontinuierlich rückgängig gemacht werden können. In der Topologie werden die Objekte mit einem imaginären Material dargestellt, das perfekt verformbar ist.

So sind alle offenen Linien homöomorph zur Geraden und alle geschlossenen Linien sind homöomorph zum Kreis. Eindimensionale Objekte sind topologisch in nur zwei Klassen organisiert: geschlossene Linien, repräsentiert durch den Kreis, und offene Linien, repräsentiert durch die Gerade (Abb. 3.23).

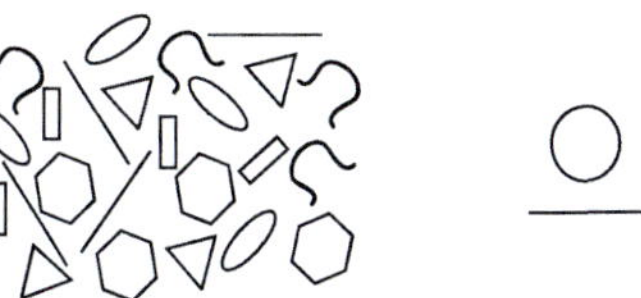

Abb. 3.23 Topologische Ordnung

Für den zweidimensionalen Fall gibt es seit 1920 eine Liste der geschlossenen Flächen, das heißt, Flächen, die endlich groß sind und keine Grenze haben. Die Liste ist in zwei Teile unterteilt: Der eine Teil umfasst die orientierbaren Flächen (siehe Kap. 4), das sind diejenigen, die ein gut definiertes Inneres und Äußeres haben. Der zweite Teil umfasst die nicht-orientierbaren Flächen, das sind diejenigen, die ein Möbiusband enthalten (siehe Kap. 6), eine berühmte Fläche, die nach dem deutschen Mathematiker August Möbius (1790–1868) benannt ist.

Felix Klein war ein außergewöhnlicher Mathematiker, und die Kühnheit seiner Vorschläge, einschließlich des Erlanger Programms, verhinderte, dass sie von seinen Zeitgenossen in aller Breite akzeptiert wurden. Heute wird Klein mit einer nicht-orientierbaren Fläche geehrt, die seinen Namen trägt: der Kleinschen Flasche (Abb. 3.24a), die die Form einer Flasche hat und aus zwei Möbiusbändern gewonnen werden kann.

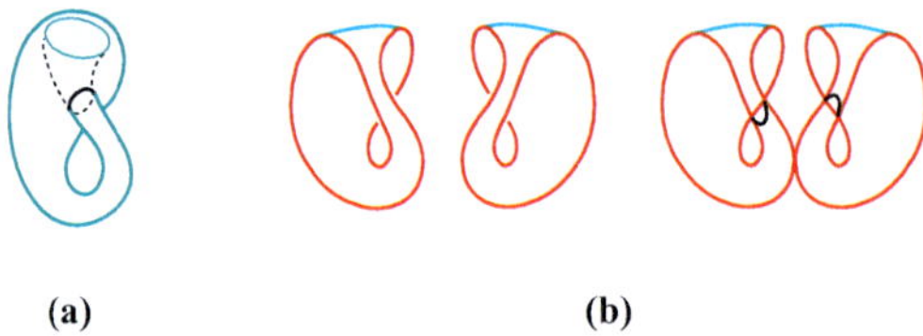

(a)   (b)

Abb. 3.24 (**a**) Kleinsche Flasche   (**b**) Zusammenfügung zweier Möbiusbänder entlang ihrer Grenzen

Ein Modell des Möbiusbandes erhält man aus einem langen Rechteck, dessen schmale Kanten nach einer Halbdrehung (180∘) zusammengefügt werden. Das Möbiusband hat nur eine einzige Kurvenlinie als Grenze. Ein dreidimensionales Raummodell der Kleinschen Flasche erhält man, indem man zwei Möbiusbänder entlang ihrer Grenzen zusammenfügt (Abb. 3.24b).

3.4   Punkte im Unendlichen

Das Konzept des Raumes ist Gegenstand weitreichender philosophischer Diskussionen. Die Schwierigkeit, das Wesen des Raums zu definieren, hat dazu geführt, dass einige Philosophen das Konzept als a priori, also von herein vorhanden annehmen. Die Erschaffung von Geometrien auf Kleinsche Weise kann jedoch helfen, einen Raum wahrzunehmen, der sich je nach der in diesem Raum berücksichtigten Geometrie ändert. Einerseits definieren nach Klein Kongruenzrelationen eine geometrische Ordnung unter Objekten in verschiedenen Räumen; andererseits definiert die Geometrie die Eigenschaften des Raumes, wodurch das Paar „Raum plus Geometrie" zu einer Einheit wird, deren Verständnis einfacher ist.

Der Raum mit seiner Geometrie wird *zugrundeliegender Raum* dieser Geometrie genannt. Stellen wir solche Räume in der euklidischen Umgebung dar, können wir sie vergleichen. Zum Beispiel hat die hyperbolische Geometrie als ihren zugrundeliegenden Raum eine Fläche mit negativer Krümmung – im Gegensatz zur euklidischen Ebene, die eine Krümmung von null hat.

Eine andere Geometrie, die aufgrund visueller Beobachtung entstanden ist, die projektive Geometrie, hat einen zugrundeliegenden Raum, der etwas anders ist als der der euklidischen Geometrie. In der projektiven Geometrie werden Punkte im Unendlichen berücksichtigt, die auch Fernpunkte genannt werden. Ein solcher Punkt im Unendlichen liegt in der Richtung einer Geraden. Zwei parallele Geraden treffen sich im Unendlichen in ihrem Fernpunkt.

Man nimmt an, dass die projektive Geometrie von Malern der Renaissance entwickelt wurde, die erkannten, dass in der Welt, die wir sehen, parallele Geraden einen Treffpunkt in weiter Ferne suggerieren. Stehen wir an

Abb. 3.25 Fernpunkt

einer langen Eisenbahnstrecke, scheinen die Gleise, die gute Vertreter von parallelen Geraden sein müssen, damit der Zug nicht entgleist, an einem sehr weit entfernten Punkt zusammenzutreffen (Abb. 3.25). So wird die Welt auf unsere Netzhaut projiziert: Die Parallelen treffen sich an ihrem Fernpunkt, der in der Richtung liegt, die den beiden Parallelen gemeinsam ist.

Eine euklidische Gerade zusammen mit ihrem Fernpunkt wird *projektive Gerade* genannt. Ein Kreis dient als ihre Darstellung. Die euklidische Gerade hat eine Richtung und einen Fernpunkt im Unendlichen. Dieser Punkt wird erreicht, indem man die Gerade in eine Richtung oder in die entgegengesetzte Richtung durchläuft. Eine euklidische Gerade kann durch ein Segment ohne Enden, ein offenes Segment, dargestellt werden. Es gibt eine Eins-zu-Eins-Entsprechung zwischen den Punkten auf einer euklidischen Geraden und den Punkten auf einem offenen Segment; mit anderen Worten, es gibt genauso viele Punkte auf dem offenen Segment wie auf der gesamten Geraden. Der Fernpunkt der Geraden wird durch die Endpunkte des offenen Segments dargestellt, die in der projektiven Geometrie zusammengeführt werden müssen (Abb. 3.26a).

Abb. 3.26 (a) Projektive Gerade (b) Projektive Ebene

Um ein Modell der Ebene der projektiven Geometrie zu erstellen, das wir als *projektive Ebene* bezeichnen, müssen wir zur euklidischen Ebene alle ihre Fernpunkte hinzufügen; das heißt, die Richtungen aller ihrer Geraden. Betrachten wir dazu ein Modell einer euklidischen Ebene, das durch eine Scheibe ohne ihren kreisförmigen Rand, eine offene Scheibe, dargestellt wird. Es besteht eine Eins-zu-Eins-Entsprechung zwischen den Punkten auf einer offenen Scheibe und den Punkten auf der euklidischen Ebene. Die Punkte am kreisförmigen Rand repräsentieren die Fernpunkte. Tatsächlich schneidet eine Gerade, die durch das Zentrum der Scheibe verläuft, den kreisförmigen Rand an zwei Punkten, die denselben Fernpunkt darstellen. Daher müssen im Modell der projektiven Ebene diese beiden diametral gegenüberliegenden Punkte, die auch als antipodale Punkte bezeichnet werden, zusammengeführt werden. Alle Geraden, die parallel zu der Geraden verlaufen, die durch das Zentrum der Scheibe geht, haben denselben Fernpunkt. Daher sind die Punkte des kreisförmigen Randes einer Scheibe alle Fernpunkte der euklidischen Ebene. Und die projektive Ebene ist die euklidische Ebene, die durch eine offene Scheibe dargestellt wird, zusammen mit allen zusammengeführten Paaren antipodaler Punkte am kreisförmigen Rand (Abb. 3.26b). Modelle der projektiven Ebene im dreidimensionalen euklidischen Raum werden in Kap. 6 vorgestellt.

Die projektive Geometrie, in der sich Parallelen im Unendlichen treffen, und die mit der Geometrie der physischen Welt vereinbar ist, schafft auch einen Organisationsprozess, der bestimmte Untersuchungen vereinfacht. Ein Beispiel für diese Vereinfachung ist die Untersuchung ebener Kurven.

Abb. 3.27 Ellipse, Parabel und Hyperbel

Nach den Geraden sind die am häufigsten in der Geometrie verwendeten ebenen Kurven die Kegelschnitte: Ellipsen, Parabeln und Hyperbeln (Abb. 3.27). Während Geraden durch algebraische Gleichungen ersten Grades beschrieben werden, die auch lineare Gleichungen genannt werden, sind Kegelschnitte algebraische Kurven zweiten Grades. Zum Beispiel beschreibt in einem kartesischen Koordinatensystem mit Ursprung O und den Achsen Ox und Oy die Gleichung $x + 2y - 1 = 0$ die Menge der Koordinatenpaare (x, y), die die Punkte einer Geraden sind, während die Gleichung $x^2 + 2y^2 - 1 = 0$ die Menge der Koordinatenpaare (x, y) beschreibt, die die Punkte einer Ellipse sind.

Die Kegelschnitte haben ihren Namen erhalten, weil sie aus dem Schnitt eines geraden kreisförmigen Kegels durch eine Ebene entstehen (Abb. 3.28a). Ellipsen, Parabeln und Hyperbeln sind die klassischen Kegelschnitte.

In der euklidischen Ebene stellen sie sehr unterschiedliche Kurven dar. Eine Parabel ist mit einer Geraden verbunden, die ihre Symmetrieachse darstellt. Die Hyperbel hingegen hat eine enge Beziehung zu zwei sich schneidenden Geraden, die als Asymptotenlinien bezeichnet werden. Hyperbeln bestehen aus zwei Teilen, die in der euklidischen Ebene als Äste bezeichnet werden.

In der projektiven Ebene sind jedoch sowohl Ellipsen als auch Parabeln und Hyperbeln geschlossene Kurven. Die Ellipse hat keine Fernpunkte, sie ist vollständig in der euklidischen Ebene enthalten. Die Parabel hat einen Fernpunkt, der durch die Richtung ihrer Symmetrieachse gegeben ist. Durchläuft man eine Parabel, um zum Ausgangspunkt zurückzukehren, muss man durch ihren im Unendlichen liegenden Fernpunkt gehen (Abb. 3.29b). Die Hyperbel hat zwei Fernpunkte, die in Richtung ihrer beiden Asymptotenlinien liegen. Durchläuft man eine Hyperbel, um zum Ausgangspunkt zurückzukehren, muss man über ihre beiden Fernpunkte gehen.

Nehmen wir an, wir beginnen unseren Weg entlang der Hyperbel an einem Punkt auf ihrem oberen Ast (Abb. 3.29c). Wir folgten diesem Ast, bis wir den ersten Fernpunkt erreichen, der in Richtung einer der Asymptotenlinien liegt. Wir erscheinen dann am gegenüberliegenden Ende dieser Asymptotenlinie. Behalten wir unseren Kurs bei, durchlaufen wir den unteren Ast, bis wir den anderen Fernpunkt erreichen, der in Richtung der anderen Asymptotenlinie liegt. Wir erscheinen am

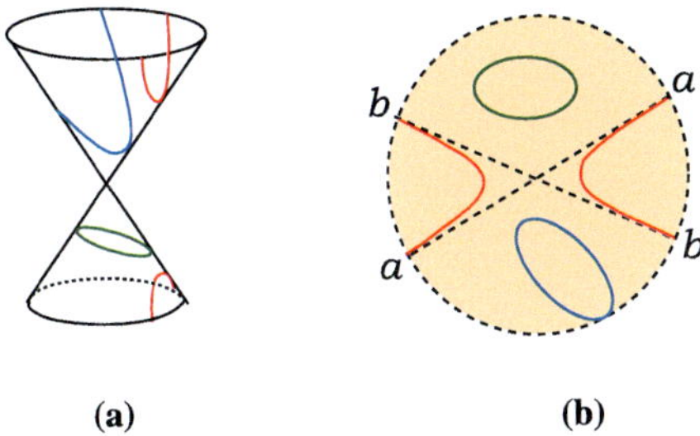

(a)   (b)

Abb. 3.28 (**a**) Kegelschnitte   (**b**) Ellipse, Parabel und Hyperbel in der projektiven Ebene

gegenüberliegenden Ende dieser Asymptotenlinie und kehren schließlich auf dem oberen Ast zum Ausgangspunkt zurück.

Die ältesten bekannten Aufzeichnungen über Kegelschnitte sind von Apollonius von Perga, von dem einige glauben, dass er ein Schüler von Euklid war.

Seine Abhandlung über Kegelschnitte gilt als eines der tiefgründigsten Werke der Antike.

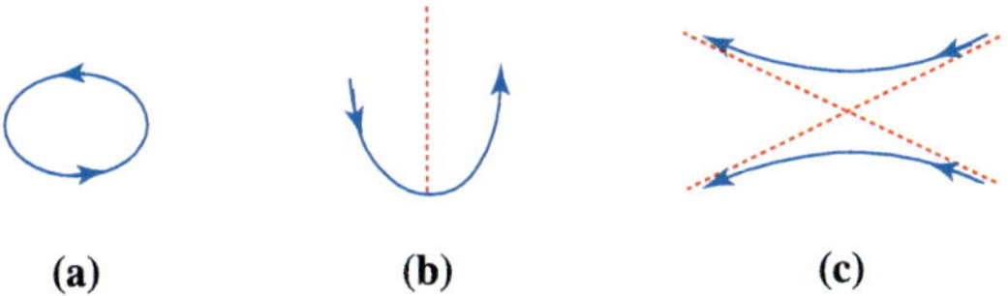

(a)   (b)   (c)

Abb. 3.29 Elliptische, parabolische und hyperbolische Bahnen

Der Name Apollonius ist auch mit einem klassischen Problem verbunden, das als Problem des Apollonius bezeichnet wird: Es geht darum, einen Kreis zu finden, der drei gegebene Objekte durchläuft, die zu der Menge gehören, die aus Punkten, Geraden und Kreisen besteht. Während die Bedeutung des Begriffs „Durchlaufen" im Falle von Punkten offensichtlich ist, bedeutet Durchlaufen einer Geraden hier, tangential zur Geraden zu sein, und dasselbe gilt für den Kreis.

Im einfachsten Fall besteht das Problem des Apollonius darin, einen Kreis zu finden, der durch drei (nicht ausgerichtete) Punkte verläuft. Im interessantesten Fall sind drei getrennte Kreise gegeben, deren Zentren nicht ausgerichtet sind. Gesucht wird ein neuer Kreis, der an allen drei gegebenen Kreisen tangential anliegt (Abb. 3.30).

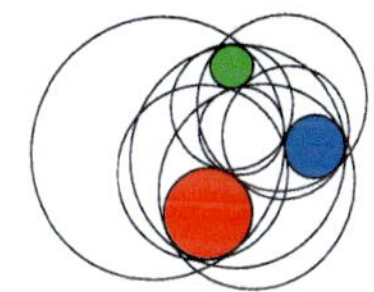

Abb. 3.30 Problem des Apollonius

Für jede Gruppe von drei Kreisen, die die oben genannten Annahmen erfüllen, gibt es genau acht Kreise, die gleichzeitig die drei gegebenen Kreisen tangieren. Von den acht Lösungen hat eine alle drei gegebenen Kreise innen, eine hat alle außen. Die anderen sechs Lösungen sind in zwei Gruppen von je drei Lösungen unterteilt. In der ersten Gruppe liegen zwei der tangierenden Kreise im neuen Kreis, einer außerhalb. In der anderen Gruppe liegt ein tangierender Kreis im neuen Kreis, zwei liegen außerhalb von ihm (Abb. 3.31).

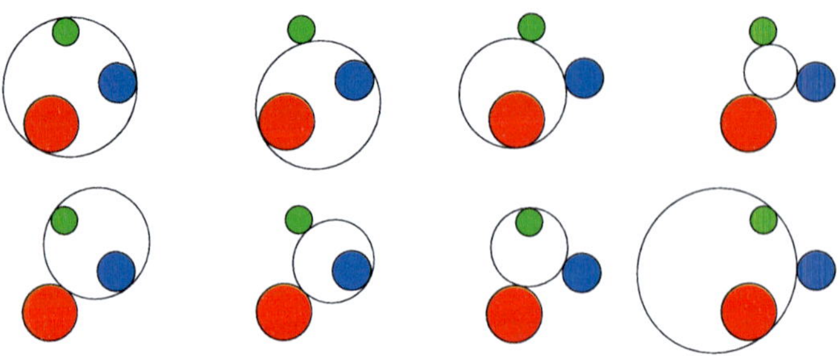

Abb. 3.31 Lösungen des Problems des Apollonius

Newton wird dieser Satz zugeschrieben: *Wenn ich weiter gesehen habe, als andere, so deshalb, weil ich auf den Schultern von Riesen stehe.* Der Geometer und Astronom Apollonius von Perga war sicherlich einer dieser Riesen.

Literatur

1. Bachelard, Gaston; *La formation de l'esprit scientifique*, J. VRIN 1934.
2. Escher, M.C.; https://mcescher.com/gallery/mathematical/
3. Euclid; *The thirteen books of Euclid's Elements*, translated by Sir Thomas Heath, Cambridge University Press 1908.
4. Hilbert, David; *The Foundations of Geometry*, translated by Townsend, E., The Open Court Publ. Co. 1902.
5. Knowles, Elisabeth ed.; *Oxford dictionary of modern quotations*, Oxford University Press 2007.
6. Nelsen, Roger B.; *Proof without Words: The Area of an Arbelos*, Mathematics Magazine 75, S. 144 (2002).
7. Russell, Bertrand; *The Teaching of Euclid,* The Mathematical Gazette 33, 165–167 (1902).

Kapitel 4
Topologie

4.1 Eine Art von Geometrie

Wie wir im vorigen Kapitel gesehen haben, beschreibt Felix Kleins Programm eine Geometrie als ein System, das die Objekte eines gegebenen Raums organisiert. Durch eine Äquivalenzrelation werden Objekte in Kongruenzklassen angeordnet. Alle Objekte derselben Klasse sind äquivalent, so dass jedes Objekt einer gegebenen Klasse als Repräsentant für alle Objekte dieser Klasse dient.

In der Topologie werden die Kongruenzklassen durch *Homöomorphismen* definiert. Grob gesprochen sind das kontinuierliche Transformationen, die kontinuierlich rückgängig gemacht werden können. Zwei Objekte sind topologisch äquivalent, wenn das eine kontinuierlich in das andere umgeformt werden kann und umgekehrt. Im Gegensatz zur Starrheit der Objekte in der euklidischen Geometrie werden in der Topologie die Objekte durch ein imaginäres Material modelliert, das perfekt verformbar ist und daher jede kontinuierliche Verformung zulässt. Die Fragen in der Topologie sind eher qualitativer als quantitativer Natur. Folglich wird in der Topologie nicht von Längen, Flächen, Winkeln usw. gesprochen. Wenn wir ein Objekt strecken oder schrumpfen, ändern sich seine topologischen Eigenschaften nicht. Darüber hinaus sind andere Operationen mit den Modellen der Objekte erlaubt, wie Schneiden und Kleben (siehe Abschn. 4.1.2 unten). Sie sind wichtig, wenn der umgebende Raum, der die Objekte enthält, berücksichtigt wird.

Homöomorphismen bewahren einerseits nicht die metrischen Eigenschaften der Objekte, sie bewahren aber andererseits etwas Unveränderliches, das, wie wir sehen werden, bei der Klassifizierung von Objekten nach ihrer Form wichtig ist.

Diese Definition der topologischen Kongruenz ist wie die Definitionen von Euklid recht undurchsichtig, aber wir werden sie durch viele Beispiele verdeutlichen.

Aus topologischer Sicht werden Objekte zusammengebracht, die wir normalerweise als unterschiedlich betrachten. Das führt zu einer merkwürdigen geometrischen Wahrnehmung. Zum Beispiel sind ein Dreieck und ein Kreis topologisch kongruent. Jedes Polygon kann kontinuierlich in einen Kreis umgeformt

© Der/die Autor(en), exklusiv lizenziert an Springer Nature Switzerland AG 2024

T. Marar, *Eine spielerische Reise in die geometrische Topologie*,

https://doi.org/10.1007/978-3-031-56105-4_4

werden und ist damit zu einem Kreis homöomorph. Ebenso ist jede offene Linie zu einer Geraden homöomorph.

Zu beachten ist, dass eine offene Linie in zwei Teile zerbricht, wenn wir einen Punkt aus ihr entfernen. Bei einer geschlossenen Linie ist das nicht so, sie bleibt auch nach der Entfernung eines ihrer Punkte verbunden. Dies zeigt, dass offene und geschlossene Linien topologisch unterschiedlich sind.

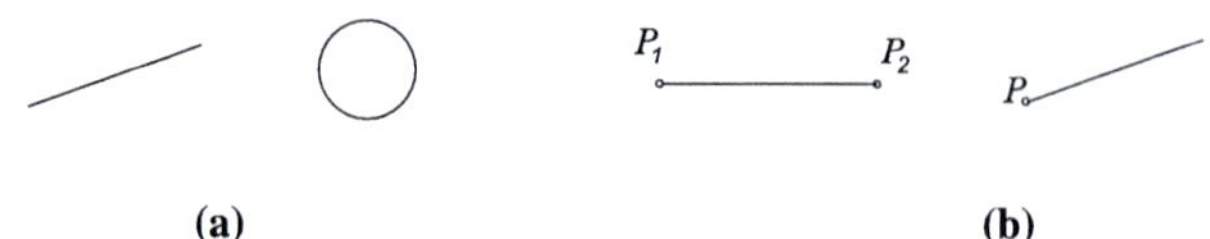

Abb. 4.1 Eindimensionale topologische Objekte

Die topologische Klassifizierung von eindimensionalen Objekten ist also sehr einfach: Es gibt nur zwei Klassen, nämlich offene und geschlossene Linien. Objekte der ersten Klasse können durch die Gerade, Objekte der zweiten Klasse durch den Kreis repräsentiert werden. Wir beziehen uns auf eindimensionale Objekte ohne Grenze. Grenzen von Linien sind die Endpunkte – zwei Punkte oder nur einer (Abb. 4.1b).

Abb. 4.2 Verbindung von Punkten

Die Untersuchung eindimensionaler Objekte in der Topologie unterscheidet sich erheblich von der in der euklidischen Geometrie. Dort geht es bei eindimensionalen Objekten der verschiedensten Art um Dinge wie Länge, Krümmung, Torsion, Winkel und Fläche, während sich die Untersuchungen in der Topologie auf Fragen zu offenen oder geschlossenen Linien reduzieren, zum Beispiel auf die Frage, ob zwei Punkte verbunden sind oder nicht.

In der Topologie kann die Verbindung zwischen zwei Punkten A und B mit einer Geraden oder, äquivalent, mit jeder anderen offenen Linie hergestellt werden (Abb. 4.2a).

Die Entfernung zwischen den Punkten A und B ist in der Topologie irrelevant. Eine Konsequenz dieser topologischen Eigenschaft wurde im Design der Londoner U-Bahn-Karten von Harry Beck (1903–1974) im Jahr 1933 auf geniale Weise angewendet.

Seine Idee wird heute von den meisten U-Bahnen der Welt übernommen (Abb. 4.2b). Die Priorisierung der Verbindung zwischen zwei Stationen gegenüber ihrer Entfernung macht eine topologische Karte zu einer funktionaleren Darstellung als eine geographische Karte. Für die Menschen, die die U-Bahn benützen, ist wichtig zu wissen, welche Verbindungen zwischen den Stationen bestehen.

Auch Flächen, also zweidimensionale Objekte, werden topologisch klassifiziert. Eine Fläche wird als geschlossene Fläche bezeichnet, wenn sie keine Grenze hat, aber endlich groß ist. Eine Liste der geschlossenen Flächen gibt es seit 1920, und jede Kongruenzklasse definiert, was wir die Form des Objekts nennen.

Ein klassisches Beispiel in der Topologie ist die kontinuierliche Verformung, die die Oberfläche eines Donuts in die Oberfläche eines Krugs mit einem Henkel umwandelt. Ein Donut und der Krug mit einem Henkel haben die gleiche Form. Man könnte sagen, dass es sich bei jemandem, der in der Teestunde in einen Henkelkrug beißt und denkt, es sei ein Donut, um einen Topologiespezialisten handelt.

Auch geschlossene dreidimensionale Objekte können topologisch klassifiziert werden, die Liste ist aber noch nicht abgeschlossen.

4.1.1 Eine kurze Geschichte

Der Anfang der Topologie wird dem Problem der sieben Brücken von Königsberg (Abb. 4.3) zugeschrieben.

In dieser damals preußischen Stadt gab es sieben Brücken über den Pregel, die das Überqueren von zwei Inseln ermöglichten (zwei der sieben ursprünglichen Brücken wurden während eines britischen Bombenangriffs im August 1944 zerstört). Die Frage war, ob es möglich ist, die Stadt zu durchqueren, indem alle sieben Brücken nur einmal überquert werden. Der Mathematiker Leonhard Euler (1707–1783) zeigte, dass es unmöglich ist, indem er auf ein topologisches Diagramm und seine Kongruenzen verwies.

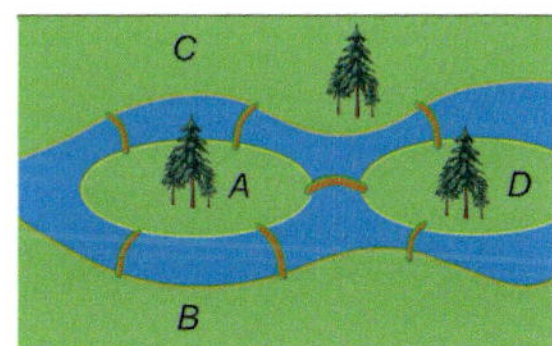

Abb. 4.3 Sieben Brücken

Wir wollen Eulers Argumentation zur Lösung dieses Problems folgen und uns an diesem Beginn einer neuen Denkweise in der Mathematik erfreuen.

Zunächst stellt Euler fest, dass die Wahl des Weges innerhalb jeder Region für das Problem nicht relevant ist. Dann erstellt er ein abstraktes Modell, in dem jede

Region durch einen Knotenpunkt und die Brücken, die die Regionen verbinden, durch Segmente von Linien dargestellt werden, die die Knotenpunkte verbinden.

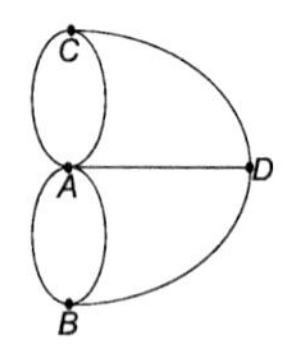

Abb. 4.4 Eulerscher Graph

Das resultierende Diagramm, das man heute als *Graph* bezeichnen würde, ist in mehreren Bereichen der Mathematik weit verbreitet und wird gern verwendet (Abb. 4.4). Euler brachte das Problem auf den Punkt, indem er mit seinen Graphen alle irrelevanten Informationen ausschloss.

Betritt man eine Region über eine Brücke, muss ein Wanderer sie über eine andere Brücke verlassen. Daher muss ein Graph eines Pfades, entlang dessen jede Königsberger Brücke nur einmal überquert wird, an jedem Knotenpunkt über eine gerade Anzahl einfallender Brücken verfügen: beispielsweise eine, die in die Region hineinführt und eine andere, die sie verlässt. Ausgenommen sind nur der Anfangs- und der Endpunkt des Pfades. Stimmen Anfang und das Ende des Pfades überein, sollte kein Knoten eine ungerade Anzahl von ihm ausgehender Brücken haben, um das Königsberger Brückenproblem zu lösen.

So löst der geniale Euler das Problem der sieben Brücken von Königsberg, ohne sein Haus zu verlassen: Er zeigt die Unmöglichkeit der Lösung auf, da in seinem Diagramm, das die Inseln und Brücken darstellt, die Knoten eine ungerade Anzahl angehängter Brücken haben. Mit diesem Diagramm schuf Euler eine Geometrie, in der die Entfernung zwischen zwei Punkten keine Rolle spielt, sondern nur entscheidend ist, ob sie verbunden sind oder nicht. Dies gilt als der Beginn der Topologie, die lange Zeit als *Analysis situs* (Analyse der Lage, des Orts) bezeichnet wurde.

Wir können uns nun Variationen des Brückenproblems zuwenden. Eliminieren wir beispielsweise die Brücke, die die Regionen B und D im Diagramm verbindet (siehe Abb. 4.4), können wir alle sechs Brücken nur einmal überqueren, z.B. indem wir dem Pfad $C \rightarrow A \rightarrow B \rightarrow A \rightarrow C \rightarrow D \rightarrow A$ folgen, beginnend bei C und endend bei A. Darüber hinaus hat das Problem auch eine Lösung, wenn wir eine weitere Brücke hinzufügen, die die Regionen B und D verbindet. also eine achte Brücke zu den ursprünglichen sieben. Es gibt einen Pfad, der bei A beginnt, bei C endet und alle acht Brücken überquert, wobei jede Brücke nur einmal überquert wird.

4.1.2 Schneiden und Kleben

Neben den Homöomorphismen, die kontinuierliche Deformationen darstellen, gibt es noch andere zulässige Operationen, die die topologische Klassifikation erleichtern. Eine dieser zulässigen Operationen ist das *Schneiden* des Objekts gefolgt vom *Kleben*.

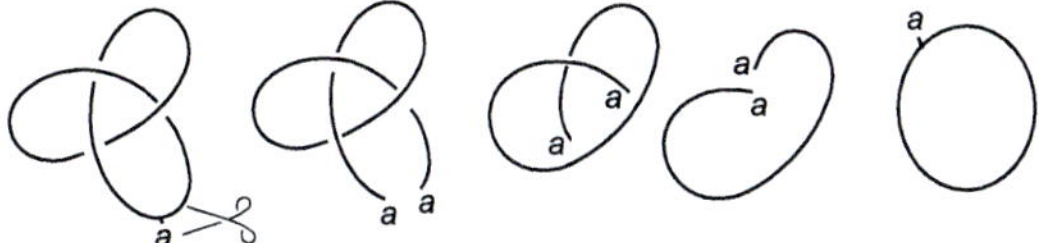

Abb. 4.5 Von einem Kleeblattknoten zu einem Kreis

Zum Beispiel ist eine verknotete Linie im dreidimensionalen Raum topologisch äquivalent zu einem Kreis. Es ist zwar nicht möglich, einen Knoten kontinuierlich im dreidimensionalen Raum zu deformieren, um ihn in einen Kreis zu verwandeln, wir können aber den Knoten an einer Stelle zerschneiden und damit zwei Punkte erzeugen, ihn dann entknoten und schließlich die beiden Punkte, die beim Schneiden entstanden sind, wieder verbinden, um einen Kreis zu bilden (Abb. 4.5).

Die bloße Existenz einer verknoteten Linie, die ein eindimensionales Objekt ist, ist mit dem dreidimensionalen Raum verbunden. Die Untersuchung von verknoteten Linien im dreidimensionalen Raum wird Knotentheorie genannt. Viele Ergebnisse dieser Theorie werden in anderen Bereichen angewendet, die so unterschiedlich sind wie Astronomie und Mikrobiologie.

Derselbe Knoten könnte auch ohne Schneiden und Kleben gelöst werden, wenn die Kurve im vierdimensionalen Raum liegt (siehe Kap. 5). Die Darstellung im dreidimensionalen Raum ist für uns bequem, es existieren aber in der Topologie auch Objekte, die nicht notwendigerweise in einem umgebenden Raum lokalisiert sind.

Schneiden und Kleben ist auch nützlich bei der Klassifizierung von höherdimensionalen Objekten. Während ein Schnitt einer Linie (eindimensionales Objekt) zwei Punkte (nulldimensionale Objekte) erzeugt, erzeugt er in einer Fläche (zweidimensionales Objekt) zwei Kanten (eindimensionale Objekte).

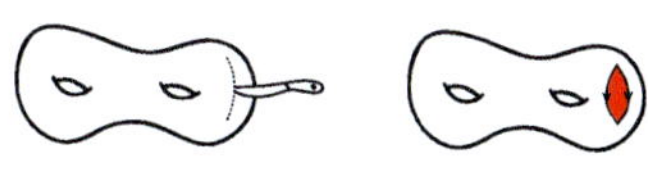

Abb. 4.6 Flächenschnitt

Die Paare von Kanten, die durch Schnitte in Flächen erzeugt werden, müssen entsprechend der Richtung des Schnitts orientiert sein (Abb. 4.6). Diese Orientierung muss beim Kleben beachtet werden, um den topologischen Typ der Fläche nicht zu ändern.

4.1.3 Grundflächen

In der topologischen Untersuchung von Flächen spielen der Zylinder und das Möbiusband eine Schlüsselrolle. Tatsächlich werden aus diesen beiden Flächen mit einigen einfachen Operationen alle topologischen Kongruenzklassen geschlossener Flächen gewonnen. Sowohl der Zylinder als auch das Möbiusband erhält man aus einer rechteckigen Figur: aus einem rechteckigen Stück der euklidischen Ebene oder besser aus einem perfekt verformbaren Film, indem ein Paar gegenüberliegender Kanten direkt (Zylinder) oder nach einer 180∘-Drehung (Möbiusband) zusammengefügt wird. Die Grenze eines Zylinders besteht aus zwei Kreisen, während die Grenze des Möbiusbandes eine geschlossene Linie ist (also topologisch ein einziger Kreis) (Abb. 4.7).

Abb. 4.7 Zylinder und Möbiusband

Der Zylinder und das Möbiusband sind topologisch nicht äquivalent, es gibt keine Homöomorphie, die den einen in das andere umwandelt, daher gehören sie zu unterschiedlichen topologischen Kongruenzklassen. Die Modelle des Zylinders und des Möbiusbandes bestehen zwar beide aus dem gleichen Material (einer rechteckigen Figur), aber die Aktion beim Zusammenfügen beziehungsweise Verkleben ist unterschiedlich.

Die Topologie, diese spektakuläre Geometrie, erkennt das unterschiedliche Vorgehen bei der Modellerstellung!

Die Menge der Flächen wird in zwei Typen unterteilt: in orientierbare Flächen und nicht-orientierbare Flächen. Eine orientierbare Fläche hat zwei Seiten wie ein Zylinder, der mit zwei Farben gefärbt werden kann: mit einer Farbe für das Innere und einer andere Farbe für das Äußere. Um ein Möbiusband zu färben, ist dagegen nur eine Farbe notwendig: Es ist eine einseitige Fläche. Das Möbiusband gehört zu den nicht-orientierbaren Flächen.

Wir werden Modelle jeder geschlossenen Fläche im dreidimensionalen Raum erstellen, wobei wir den Zylinder, das Möbiusband und bestimmte Zusammenfügungs- bzw. Verklebetechniken verwenden.

Zum Beispiel erhält man durch das Zusammenfügen der kreisförmigen Grenzen von zwei Halbkugeln an den beiden kreisförmigen Grenzen eines Zylinders (topologisch) eine Kugel (Abb. 4.8a), deren Symbol S^2 ist.

Das Möbiusband hat nur einen Kreis als Grenze. Durch Verkleben der kreisförmigen Grenze einer Scheibe entlang der Grenze des Möbiusbandes erhält man eine nicht-orientierbare Fläche, die als *projektive Ebene* (Abb. 4.8b) be-

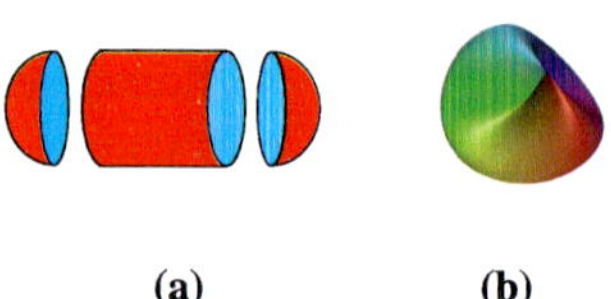

Abb. 4.8 Kugel und projektive Ebene

zeichnet wird. Ihr Symbol ist P^2. Die Operation ist nicht so leicht zu verstehen, denn in diesem Fall erscheint eine Linie mit einer Selbstüberschneidung. Tatsächlich wird eine zusätzliche Dimension benötigt, um dieses Verkleben durchzuführen, ohne dass eine Selbstüberschneidung stattfindet. In Kap. 5, das sich mit der vierten Dimension befasst, werden Details dieser Operation vorgestellt.

Können wir ein Modell einer geschlossenen Fläche ohne Selbstüberschneidungen erstellen, sagen wir, dass die Fläche in den dreidimensionalen Raum *eingebettet* ist. Die genaue Definition der Einbettung einer Fläche in einen gegebenen Raum ist sehr technisch und für den Augenblick nicht notwendig.

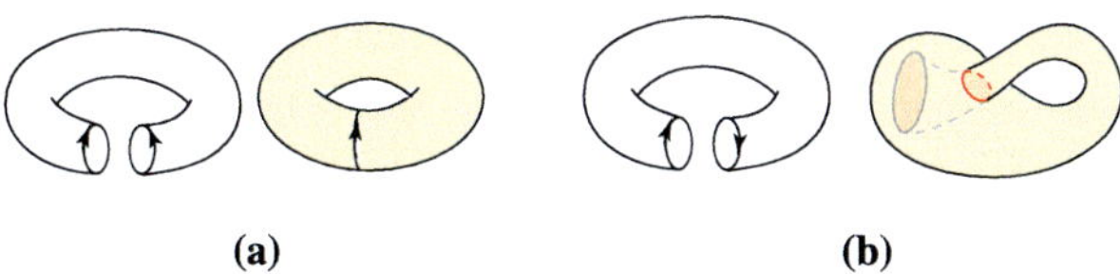

(a)   **(b)**

Abb. 4.9 (**a**) Torus (**b**) Kleinsche Flasche

Eine weitere Fläche, die vom Zylinder abgeleitet wird, erhält man, indem man die Punkte auf einer der kreisförmigen Grenzen mit den Punkten auf der anderen zusammenklebt. Unter Berücksichtigung der Orientierung jedes Grenzkreises erhalten wir eine Fläche, die als *Torus* (Abb. 4.9a) bezeichnet wird, dessen Symbol T^2 ist. Der Torus T^2, die Kugel S^2 und alle geschlossenen orientierbaren Flächen können im dreidimensionalen Raum eingebettet werden.

Kehren wir bei der Zusammenfügung der Grenzkreise des Zylinders die Orientierung eines der Kreise um, erhalten wir eine nicht-orientierbare Fläche, die als *Kleinsche Flasche* (Abb. 4.9b) bezeichnet wird. Ihr Symbol ist K^2. Die Kleinsche Flasche erhält man auch, indem man zwei Möbiusbänder entlang ihrer kreisförmigen Grenzen Punkt für Punkt zusammenfügt (siehe Abb. 3.24 im vorherigen Kapitel).

Wie bei der Darstellung der projektiven Ebene präsentieren auch die Kleinsche Flasche und jede geschlossene nicht-orientierbare Fläche ihre Modelle im dreidimensionalen Raum immer mit Selbstüberschneidungen. Das heißt: Geschlossene nicht-orientierbare Flächen können nicht in den dreidimensionalen Raum eingebettet werden (das Möbiusband ist nicht geschlossen, es hat eine Grenze).

Wir erhalten also aus Zylindern und Möbiusbändern mit bestimmten Operationen des Zusammenfügens die geschlossenen Flächen Kugel S^2, Torus T^2, projektive Ebene P^2 und Kleinsche Flasche K^2. Die Kugel und der Torus sind orientierbar und definieren daher zwei Seiten, nämlich ein Inneres und ein Äußeres im dreidimensionalen Raum. Die projektive Ebene und die Kleinsche Flasche sind nicht-orientierbar, sie enthalten ein Möbiusband. Einige Autoren verwenden den Begriff „einseitige Fläche", wenn sie sich auf nicht-orientierbare Flächen beziehen. In Kap. 5 wird erklärt, warum der Begriff einseitige Fläche für geschlossene nicht-orientierbare Flächen keinen Sinn macht.

Als nächstes werden wir eine weitere topologische Operation mit Flächen definieren und unter Verwendung der bereits gewonnenen Flächen alle geschlossenen Flächen topologisch beschreiben.

4.1.4 Verbundene Summe von Flächen

Die verbundene Summe ist eine Operation, die zwei Flächen F_1 und F_2 einbezieht. Das Ergebnis ist eine dritte Fläche F_3, die mit $F_1\#F_2$ bezeichnet wird. Sie wird erzielt, indem man je eine Scheibe aus F_1 und F_2 entfernt und dann die beiden Flächen entlang der Grenzen, die durch das Entfernen der Scheiben entstanden sind, zusammenfügt.

In der Topologie ist das Entfernen einer Scheibe aus einer Fläche dasselbe wie das Entfernen eines einzelnen Punktes. Nach dem Entfernen eines Punktes aus einer Fläche, deren Modell aus einem perfekt verformbaren Material besteht, können wir das Loch vergrößern und eine Grenze schaffen, wie wenn wir eine Scheibe entfernt hätten.

Zum Beispiel ist die Kleinsche Flasche die verbundene Summe zweier projektiver Ebenen. Wie wir gesehen haben, entsteht die projektive Ebene aus dem Möbiusband, indem man eine Scheibe entlang der kreisförmigen Grenze anfügt. Entfernt man also eine Scheibe von der projektiven Ebene, erhält man ein Möbiusband. Die beiden Möbiusbänder, die entlang ihrer Grenzen zusammengefügt werden, ergeben die Kleinsche Flasche. Daher ist $K^2 = P^2\#P^2$ (siehe Abb. 3.24 im vorherigen Kapitel).

Die Kugel ist ein neutrales Element dieser Summe, das heißt, $F\#S^2 = F$. Entfernt man aus einer Kugel eine Scheibe, erhält man als Ergebnis ebenfalls eine Scheibe.

Die verbundene Summe zweier Tori $T^2\#T^2$ ist eine Sphäre, die als Bitorus bezeichnet wird (Abb. 4.10).

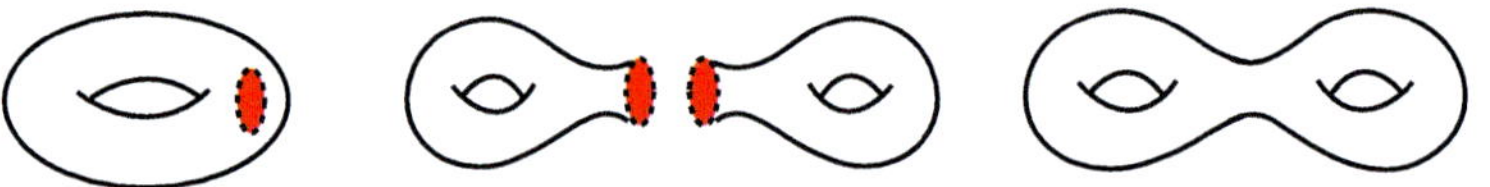

Abb. 4.10 Verbundene Summe

4.1.5 Klassifikationssatz

Mit der Bildung verbundener Summen kann die folgende Gleichung bestätigt werden:

$$T^2\#P^2 = P^2\#P^2\#P^2$$

Wir erhalten den *Klassifikationssatz geschlossener Flächen*. Der Satz wird nützlich sein, wenn wir die Menge aller geschlossenen Flächen auflisten. Zu beachten ist, dass es bei der Operation einer verbundenen Summe von Flächen im Gegensatz zur Summe von Zahlen keine Stornierung gibt. Zum Beispiel führt das Streichen eines P^2 auf jeder Seite des Klassifikationssatzes zu einer Absurdität.

Wir wollen nun einen geometrischen Beweis des Klassifikationssatzes betrachten.

Zunächst konstruieren wir die verbundene Summe von T^2 mit P^2 minus einem Punkt. Das Entfernen eines Punktes ist notwendig, um die Darstellung der projektiven Ebene zu erleichtern. Tatsächlich erhält man durch das Entfernen eines Punktes aus P^2 ein Möbiusband. Da eine verbundene Summe das Entfernen einer Scheibe von jeder beteiligten Fläche erfordert, wollen wir ein spezielles Modell des Torus mit einer entfernten Scheibe konstruieren, das für den Beweis des Klassifikationssatzes entscheidend sein wird.

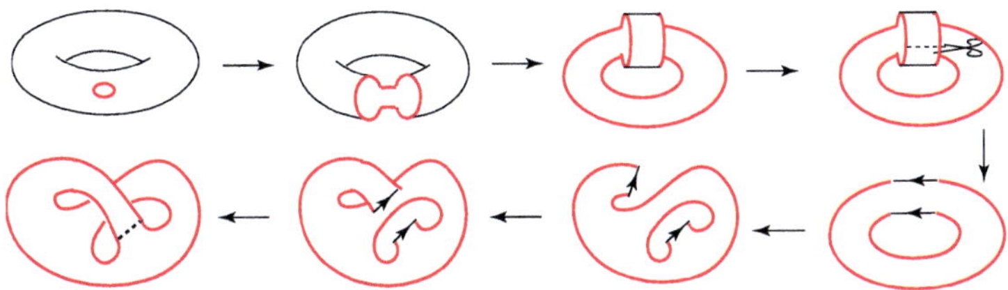

Abb. 4.11 Francis-Torus

In der Folge der Figuren (Abb. 4.11) beginnen wir mit einem Torus, der aus einem perfekt verformbaren Material besteht, aus dem eine Scheibe entfernt wurde. Wir erweitern das Loch, das durch die Entfernung der Scheibe entstanden ist, bis nur noch ein kleiner Ring übrig bleibt. Wir schneiden den Ring auf und verformen ihn, bis wir einen flachen Ring mit den beiden orientierten Schnittkanten erreichen, eine Kante an jeder Grenze des flachen Rings. Dann werden diese Grenzen verformt, um die Kanten zusammenzufügen, die durch den Schnitt entstanden sind. Das Ergebnis ist eine topologische Darstellung eines Torus, aus dem eine Scheibe entfernt wurde. Dessen Darstellung findet sich in George Francis' wunderschönem *Topologischem Bilderbuch* [3]. Wir werden das Gebilde einen Francis-Torus nennen.

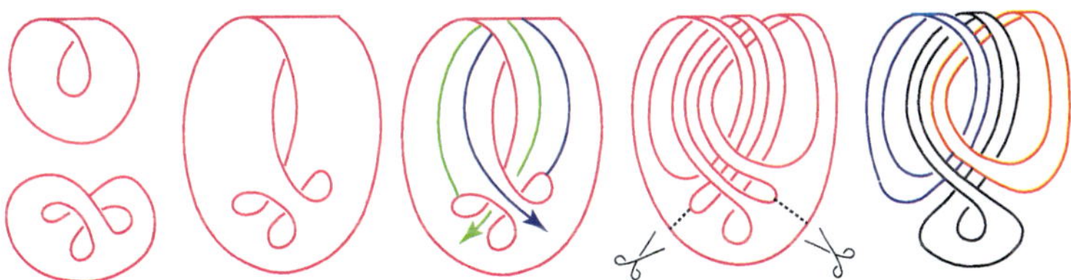

Abb. 4.12 Verbundene Summe eines Möbiusbandes und eines Francis-Torus

Die verbundene Summe des Torus mit einer projektiven Ebene wird durch die Fusion eines Francis-Torus mit einem Möbiusband erzielt.

Durch eine angemessene Verformung der Fläche $T^2\#P^2$ minus einem Punkt kommen wir zu einer Fläche, die nach zwei Schnitten drei Möbiusbänder erzeugt (Abb. 4.12). Damit ist der geometrische Beweis des Klassifikationssatzes abgeschlossen.

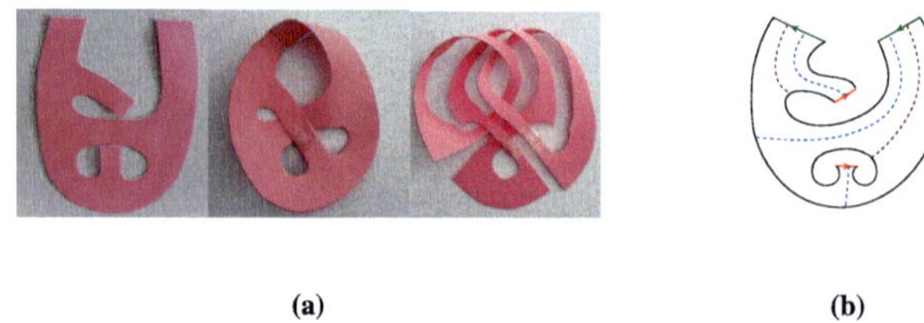

(a)   (b)

Abb. 4.13 Papiermodell der verbundenen Summe eines Möbiusbandes und eines Francis-Torus

Der Professor und Magier José Luis Rodríguez von der spanischen Universität Almeria [6] hat ein Papiermodell dieser letzten Operation gebastelt (Abb. 4.13a), das wir nachbilden können. Nach den beiden Zusammenfügungen erzeugen Schnitte entlang der gepunkteten Linien (Abb. 4.13b) die drei Möbiusbänder, die die verbundene Summe des Torus mit der projektiven Ebene bilden.

4.1.6 Fundamentalpolygone

Der Zylinder und das Möbiusband wurden durch rechteckige Figuren mit Paaren gegenüberliegenden Kanten dargestellt, die zusammengefügt werden müssen. Dieser Prozess des Abflachens einer Fläche und ihrer Darstellung durch eine polygonale Figur (in diesem Fall ein Rechteck und sein Inneres) mit Kantenpaaren, die zusammenzufügen sind, führt zum planaren Modell oder dem Fundamentalpolygon der Fläche.

Geht man von einer geschlossenen Fläche aus, einer Fläche, die endlich groß ist und keine Grenze hat, kann sie nach einer endlichen Anzahl von Schnitten abgeflacht werden. Dies garantiert ein Theorem, das den Rahmen dieses Textes übersteigt.

Wir müssen uns die Fläche als einen perfekt verformbaren Film vorstellen. Die minimale Anzahl von Schnitten für das Abflachen wird von den Fähigkeiten und dem Geschmack des Topologen abhängen.

Jeder Schnitt entlang einer Linie erzeugt zwei Kanten (Abb. 4.14). Am Ende wird das

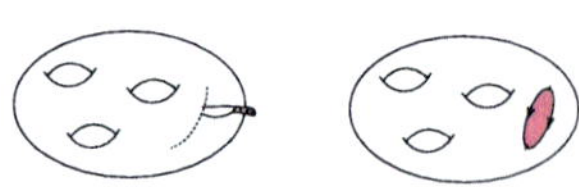

Abb. 4.14 Schneiden von Flächen

Fundamentalpolygon also eine polygonale Figur mit einer geraden Anzahl von Kanten sein. Die Richtung des Schnitts muss für das zukünftige Zusammenfügen bei der Rekonstruktion der Fläche festgehalten werden. Lassen Sie uns einige Beispiele betrachten.

Beispiel 1 Fundamentalpolygon des Torus
Wenn man den Torus richtig schneidet, wird er in einen Zylinder verwandelt (Abb. 4.15a). Ein Schnitt entlang der Länge des Zylinders ergibt das Fundamentalpolygon (Abb. 4.15b).

Der Torus wird auf diese Weise mit zwei Schnitten abgeflacht. Jeder Schnitt entspricht zwei orientierten Kanten. Das Fundamentalpolygon des Torus ist somit eine rechteckige Figur.

Der Torus kann mit seinem Fundamentalpolygon rekonstruiert werden. Tatsächlich entsteht ein Zylinder, wenn die gegenüberliegenden Kanten des Rechtecks mit zwei Pfeilspitzen (Abb. 4.15b) zusammengefügt werden. Indem man dann die kreisförmigen Grenzen mit einer Pfeilspitze zusammenfügt, erhält man einen Torus.

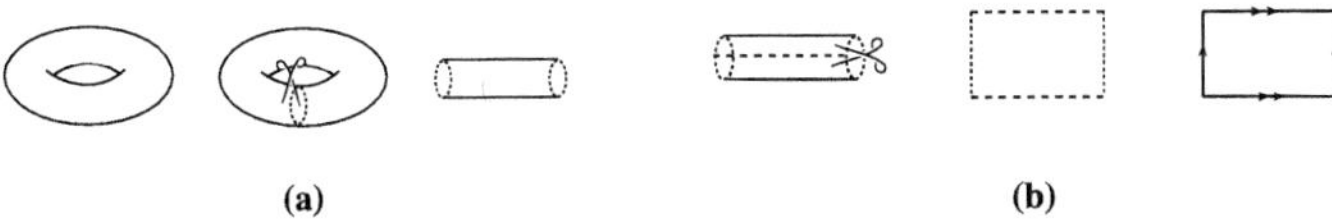

(a)   **(b)**

Abb. 4.15 Fundamentalpolygon des Torus

Bei der Rekonstruktion werden Punkte gegenüberliegender Kanten zusammengefügt. Zum Beispiel erscheint der Punkt *b* am linken Rand (Abb. 4.16) und auch am rechten Rand des Fundamentalpolygons. Alle Punkte an einer Kante dieses rechteckigen Fundamentalpolygons haben ihre entsprechenden Punkte an der gegenüberliegenden Kante.

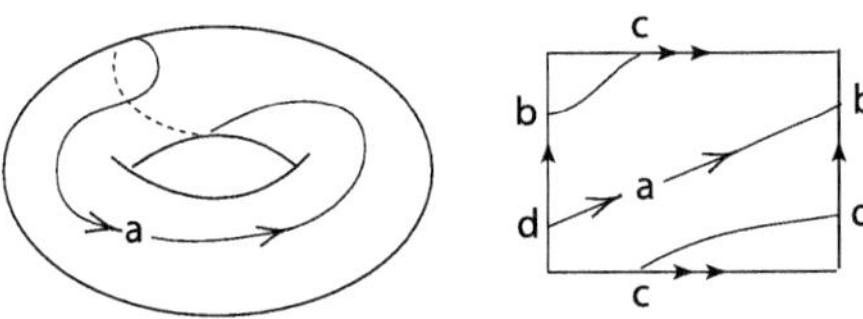

Abb. 4.16 Trajektorie auf einem Torus

Ein kontinuierlicher Pfad auf dem Torus, der bei Punkt *a* (Abb. 4.16) beginnt und endet, wird im Fundamentalpolygon durch eine Reihe von Linien dargestellt, die von Punkt *a* zu Punkt *b,* von *b* zu *c* und von *c* zu *d* gehen und bei *a* enden.

Das Fundamentalpolygon des Torus ist also eine Darstellung, die einige Aspekte der Flächengeometrie bewahrt. Wir verlieren die üblichen geometrischen Informationen, wie Längen, Flächengrößen usw., andere relevante Informationen zur Untersuchung der Flächenform werden aber beibehalten.

Die Anzahl der Schnitte, die benötigt werden, um eine gegebene Fläche abzuflachen, hängt davon ab, wie kompliziert sie ist.

Beispiel 2 Fundamentalpolygon der Kugel

Eine sphärische Oberfläche ist so einfach, dass sie mit einem einzigen Schnitt abgeflacht werden kann, zum Beispiel entlang eines Segments eines Meridians (Abb. 4.17).

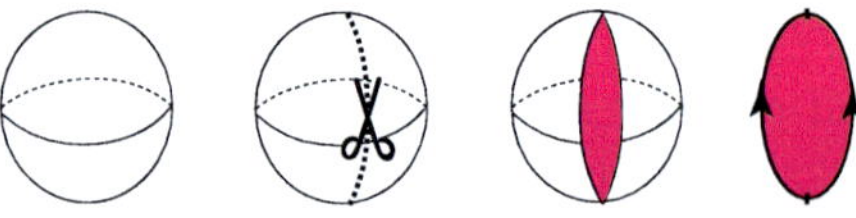

Abb. 4.17 Fundamentalpolygon der Kugel

Um Fundamentalpolygone komplizierterer Flächen zu erhalten, werden mehr Schnitte benötigt. Sind n Schnitte in die Oberfläche nötig, um ein Fundamentalpolygon zu erhalten, wird es eine polygonale Figur sein, deren Rand aus $2n$ Kanten besteht. Das heißt, die Zahl der Kanten ist doppelt so groß wie die Zahl der Schnitte.

Beispiel 3 Fundamentalpolygon des Bitorus

Um den Bitorus abzuflachen, sind vier Schnitte erforderlich (Abb. 4.10). Daher ist sein Fundamentalpolygon ein Achteck.

Um dies zu sehen, betrachten wir das Fundamentalpolygon des Torus, aus dem eine Scheibe (gestrichelte Linie in Abb. 4.18) entfernt wurde.

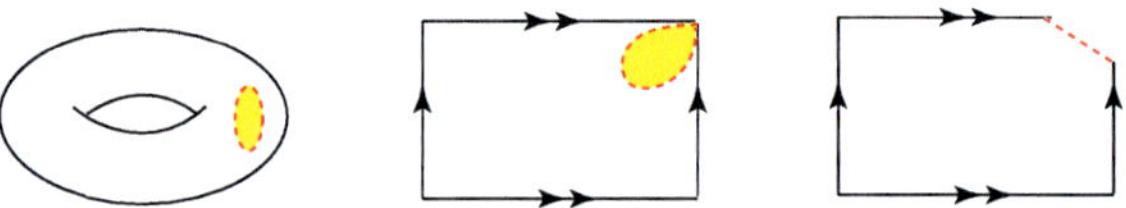

Abb. 4.18 Fundamentalpolygon des Torus mit einem Loch

Wir flachen den Torus mit zwei Schnitten ab und wählen diese Schnitte so, dass die durch die Entfernung der Scheibe hinterlassene Grenze durch eine der Ecken des Rechtecks verläuft. Ein Schnitt durch diesen Eckpunkt verwandelt dann diese Grenze in die gepunktete Kante. Nun betrachten wir zwei Kopien des Fundamentalpolygons des Torus, aus dem eine Scheibe entfernt wurde, und fügen sie an den gestrichelten Kanten zusammen (Abb 4.19).

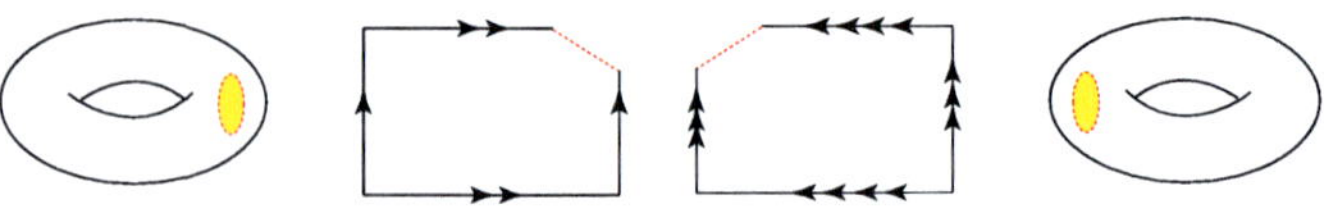

Abb. 4.19 Fundamentalpolygon der verbundenen Summe

Die erste Kopie des Torus mit einem Loch hat ein Fundamentalpolygon, dessen Kanten ein und zwei Pfeilspitzen haben. Die zweite Kopie hat Kanten mit drei und vier Pfeilspitzen. Nach der Zusammenfügung der gepunkteten Kanten erhalten wir das Fundamentalpolygon des Bitorus: Es ist ein Achteck mit Paaren von Kanten mit einer, zwei, drei und vier Pfeilspitzen (Abb. 4.20).

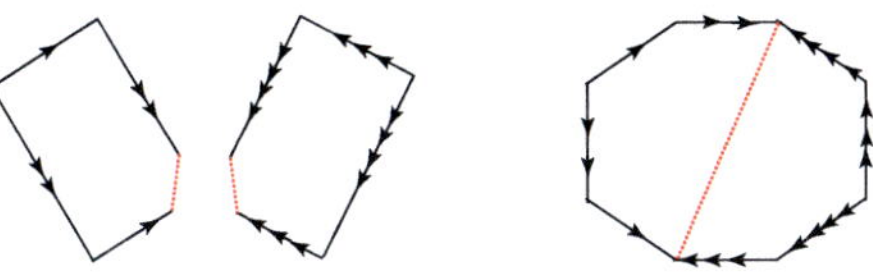

Abb. 4.20 Fundamentalpolygon des Bitorus

Da jeder Schnitt zu einem Paar von Kanten führt, die entsprechend der Richtung des Schnitts zusammengefügt werden müssen, endet das Fundamentalpolygon von komplizierteren Flächen mit Kanten mit einer unerwünscht großen Anzahl von Pfeilspitzen.

Um die Fundamentalpolygone zu vereinfachen, belassen wir alle Paare von Kanten mit einer einzigen Pfeilspitze, die die Richtung des Schnitts bestimmt und jedem Paar von Kanten einen Buchstaben zuweist, der die Paare anzeigt, die bei der Rekonstruktion zusammengefügt werden müssen.

Die Fundamentalpolygone jeder geschlossenen Fläche werden Polygone mit $2n$ Kanten sein, wobei jedes Paar von Kanten durch denselben Buchstaben indiziert wird. Alle Kanten werden eine einzige Pfeilspitze haben, die die Richtung des Schnitts bestimmt.

Bei der Rekonstruktion der Fläche aus dem Fundamentalpolygon ist die Richtung jeder Kante wichtig. Wir haben bereits gesehen, dass beim Fundamentalpolygon eines Torus die Zusammenfügung dieser Kanten eine neue Fläche erzeugt, wenn wir die Richtung einer der Kanten umkehren. Zum Beispiel ist in Abb. 4.21 die Richtung der rechten vertikalen Kante umgekehrt.

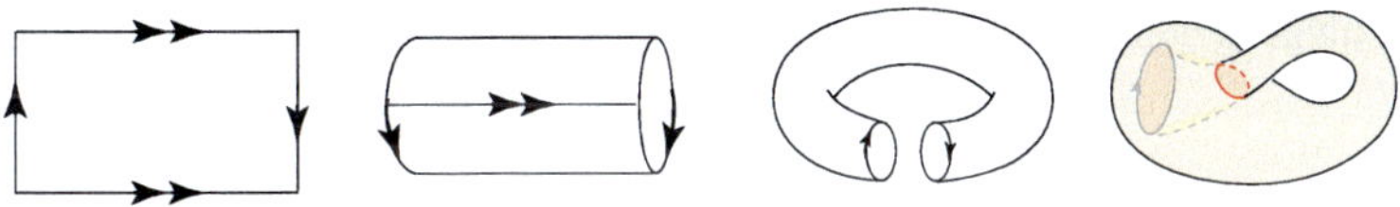

Abb. 4.21 Fundamentalpolygon der Kleinschen Flasche

Nach der Zusammenfügung der horizontalen Kanten erscheinen zwei Kreise mit entgegengesetzten Orientierungen, die sich von denen unterscheiden, die bei der Rekonstruktion des Torus erhalten wurden. Um diese Kreise in einem dreidimensionalen Raum mit den angegebenen Richtungen zusammenzufügen, muss die Fläche durchdrungen werden, indem sie von innen zusammengefügt wird. Das Ergebnis ist die Kleinsche Flasche, die ein Beispiel für ein geschlossenes zweidimensionales Objekt ist, das sich nicht in einen dreidimensionalen Raum einbetten lässt. Mit anderen Worten: Jede Darstellung der Kleinschen Flasche in einem dreidimensionalen Raum, also der Kleinschen Flasche als Teilmenge eines dreidimensionalen Raums, wird Selbstschnitte haben. Nur in Räumen mit einer Dimension größer als drei ist es möglich, die Kleinsche Flasche einzubetten. Ihr Fundamentalpolygon bietet jedoch eine sehr einfache Darstellung. Dieses Beispiel veranschaulicht die tiefe Reichweite von Fundamentalpolygonen als einer Möglichkeit, geschlossene Flächen darzustellen.

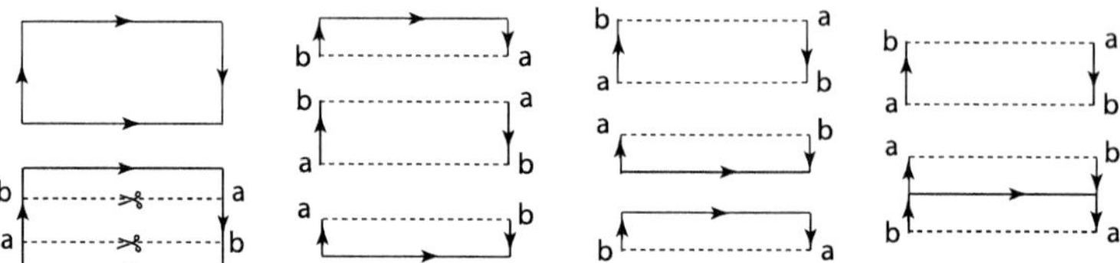

Abb. 4.22 Kleinsche Flasche als verbundene Summe zweier projektiver Ebenen

Schnitt- und Klebeoperationen an Fundamentalpolygonen ermöglichen es uns, neben Vereinfachungen auch wichtige Informationen über die dargestellte Fläche zu erhalten. Als Beispiel werden wir das Fundamentalpolygon der Kleinschen Flasche in zwei Modelle von Möbiusbändern umwandeln (Abb 4.22).

Zunächst schneiden wir das Fundamentalpolygon der Kleinschen Flasche entlang zweier paralleler gestrichelter Linien. Diese Operation liefert ein zentrales Möbiusband und zwei andere Teile, die nach ihrer Zusammenfügung ein weiteres Möbiusband bilden. Schließlich erhalten wir durch die Zusammenfügung der beiden Bänder entlang der gestrichelten Kante von jedem die Kleinsche Flasche.

Diese Bilder (Abb. 4.22) stellen einen alternativen Beweis dafür dar, dass die Kleinsche Flasche die verbundene Summe von zwei projektiven Ebenen ist.

Die Schnitt- und Klebeoperation an Fundamentalpolygonen kann auch alternative Fundamentalpolygone derselben Fläche erzeugen. Zum Beispiel stellen beide Polygone in Abb. 4.23 eine Kleinsche Flasche dar.

Abb. 4.23 Zwei Fundamentalpolygone einer Kleinschen Flasche

Wir teilen das Fundamentalpolygon durch einen Schnitt entlang der Diagonalen in zwei Teile, einen oberen und einen unteren, und erzeugen dort eine neue Kante c (Abb 4.24). Dann wird der untere Teil horizontal gespiegelt, um die Kanten b beider Teile zusammenzufügen. Das Ergebnis ist ein anderes Fundamentalpolygon derselben Fläche.

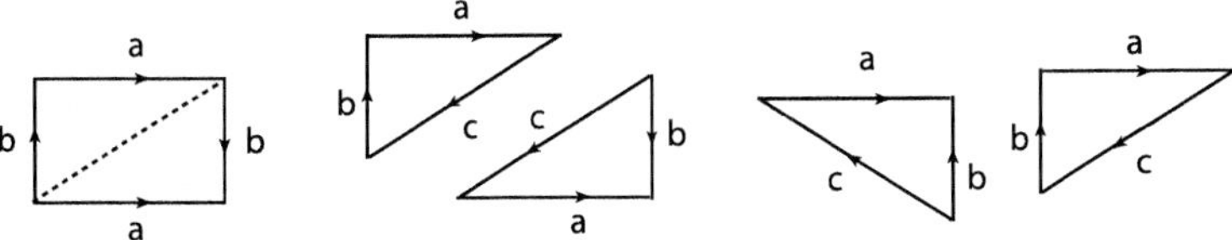

Abb. 4.24 Äquivalente Fundamentalpolygone

Das Verfahren zur Erstellung von Fundamentalpolygonen zweidimensionaler Objekte kann auf dreidimensionale Objekte erweitert werden. Während im zweidimensionalen Fall die Schnitte Kanten erzeugen (eindimensionales Objekt), erzeugen im dreidimensionalen Fall die Schnitte Flächen (zweidimensionales Objekt). Das Ergebnis wird ein Polyeder mit Paaren von Flächen sein, die zusammengefügt werden sollen. In Kap. 7 werden wir einige dreidimensionale Objekte ohne Grenzen mit Hilfe polyedrischer Modelle in einem dreidimensionalen Raum darstellen. So können wir ein wenig von der Form dieser Objekte abschätzen, ohne auf Räume mit einer Dimension größer als drei zurückgreifen zu müssen.

4.1.7   *Darstellung von Flächen durch Wörter*

Aus einem Fundamentalpolygon einer Fläche, bei dem die Paare von Kanten durch Buchstaben indiziert sind und die Schnittrichtung durch eine Pfeilspitze angegeben wird, kann eine neue Darstellung der Fläche erstellt werden. Diese Darstellung durch *Wörter* oder Zeichenketten wird konstruiert, indem wir entlang der Grenze des Fundamentalpolygons von einem Punkt in oder gegen den Uhrzeigersinn gehen. Treffen wir auf einen Buchstaben, sammeln wir ihn einfach ein, wenn die Reiserichtung der Pfeilrichtung gleicht. Weisen Reise und Pfeil in entgegengesetzte Richtungen, sammeln wir den Buchstaben auch ein, geben ihm aber den Exponenten -1. Am Ende unseres Rundwegs haben wir alle Paare von Buchstaben gesammelt, sowohl die mit wie auch die ohne den Exponenten -1. Diese Zeichen- oder Buchstabenkette wird als Wort der Fläche bezeichnet.

Einige Beispiele: aa^{-1} ist ein Wort, das die Kugel repräsentiert, $aba^{-1}b^{-1}$ repräsentiert den Torus, aa die projektive Ebene und $aba^{-1}b$ die Kleinsche Flasche.

Es gibt viele Operationen, die an einem Wort durchgeführt werden können, ohne dass es aufhört, die gleiche Fläche zu repräsentieren. Beginnen wir beispielsweise die Reise zum Sammeln von Buchstaben an verschiedenen Punkten des

Fundamentalpolygons, führt dies zu einer zyklischen Änderung der Buchstaben, also zu einem anderen Wort für die gleiche Fläche. Das Gleiche passiert, wenn wir die Reiserichtung umkehren. Zum Beispiel wird der Torus $aba^{-1}b^{-1}$ auch durch $b^{-1}a^{-1}ba$ dargestellt. Für das Wort einer gegebenen Fläche gibt es also mehrere Synonyme (Abb. 4.25).

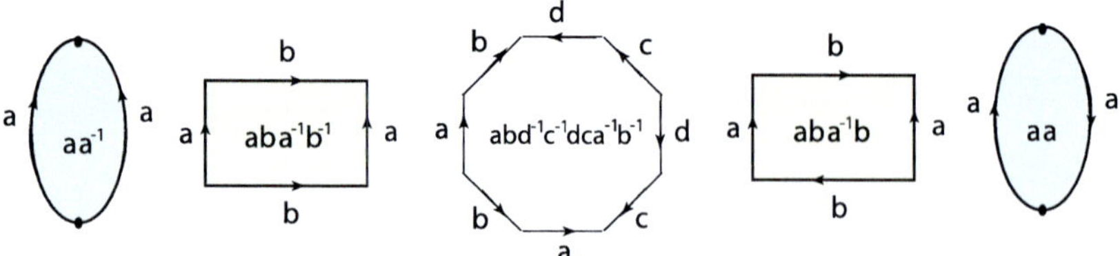

Abb. 4.25 Kugel, Torus, Bitorus, Kleinsche Flasche und projektive Ebene als Fundamentalpolygone

Abb. 4.23 zeigt zwei Fundamentalpolygone der Kleinschen Flasche. Das aus dem rechten Polygon extrahierte Wort ist *aacc*, wobei *aa* und *cc* projektive Ebenen darstellen. In der verbundenen Summe gilt immer, dass ein Wort, das die Summe $F_1 \# F_2$ darstellt, die Verkettung von Wörtern der Flächen F_1 und F_2 ist. Der Bitorus hat zum Beispiel das Wort $b^{-1}a^{-1}bac^{-1}d^{-1}cd$, was eine Verkettung der Wörter von zwei Tori ist.

In einer Wortdarstellung kann es noch Raum für Vereinfachungen geben. Die Wörter werden aus Fundamentalpolygonen gewonnen, die wiederum durch Schnitte erstellt werden. Machen wir beim Abflachen einer Fläche redundante Schnitte, wird das entsprechende Wort redundante Teile enthalten, die vereinfacht werden können

Eine mögliche Vereinfachung ist folgende: Kommt in einem Wort einer gegebenen Fläche die Buchstabenfolge aa^{-1} vor, die die Kugel repräsentiert, stellen wir die verbundene Summe dieser Fläche und einer Kugel dar. Da die Kugel das neutrale Element der verbundenen Summe ist, kann die Sequenz aa^{-1} aus dem Wort entfernt werden. Zum Beispiel stellen die Wörter $aa^{-1}bb^{-1}$ und aa^{-1} die gleiche Fläche dar, weil wir im ersten Fall die verbundene Summe von zwei Kugeln haben, die topologisch das Gleiche ist wie eine Kugel, die nur durch aa^{-1} dargestellt wird.

Eine grundlegende, nicht-triviale und sehr nützliche Operation zur Vereinfachung von Wörtern einer Fläche ist folgende: Liegt in einem Wort ein Buchstabe, beispielsweise b^{-1}, zwischen zwei gleichen Buchstaben, sagen wir a, kann b^{-1} verschoben werden, indem sein Exponent geändert wird. Mit anderen Worten: $ab^{-1}a = baa$. Außerdem gilt $ab^{-1}b^{-1}a = bbaa$.

Wir werden nun beweisen, dass $ab^{-1}a = bcc$ gilt.

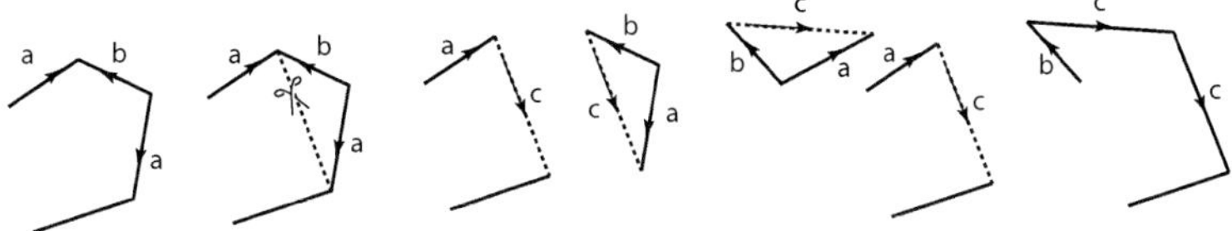

Abb. 4.26 Beweis der grundlegenden Operation

Wir erinnern uns daran, dass das Schneiden und Kleben von Fundamentalpolygonen zulässige Operationen in der Topologie sind. Wir beginnen mit einem Fundamentalpolygon, das im Uhrzeigersinn die Kette $ab^{-1}a$ in seinem Wort hat. Dann schneiden wir das Polygon entlang der gestrichelten Linie (Abb. 4.26). Dies führt zu einem Paar von Kanten, die wir mit dem Buchstaben c bezeichnen.

Wir spiegeln einen der Teile, um dann das Paar von Kanten zusammenzufügen, das durch den Buchstaben a bezeichnet wird.

Die im Uhrzeigersinn resultierende Sequenz ist bcc. Daher ist $ab^{-1}a = bcc$. Da der Buchstabe a nach der Operation nicht mehr verwendet wird, können wir den Buchstaben c durch den Buchstaben a ersetzen. Somit ist $ab^{-1}a = baa$, und die grundlegende Operation ist bewiesen.

Wir wollen nun beispielsweise die grundlegende Operation auf das Wort $aba^{-1}b$ der Kleinschen Flasche anwenden. Da a^{-1} zwischen zwei Buchstaben b steht, können wir es verschieben, indem wir den Exponenten umkehren. Daher ist $aabb$ ein Wort für die Kleinsche Flasche.

Wie mein Kollege Azael Rangel Camargo, Professor am *Instituto de Arquitetura e Urbanismo* (IAU-USP), sagen würde: *Die Darstellung von Oberflächen durch Wörter ist das Höchste an Synthese.*

4.2 Topologische Klassifikation von Flächen

Am 3. Oktober 2016 verkündeten Tageszeitungen mehrerer Länder die Verleihung des Nobelpreises für Physik an ein Trio britischer Wissenschaftlern, die Experten für Festkörper sind: David J. Thouless, F. Duncan M. Haldane und J. Michael Kosterlitz. Ihre Untersuchungen topologischer Phasenübergänge und topologischer Phasen der Materie beschreiben bestimmte exotische Zustände der Materie (zusätzlich zu fest, flüssig und gasförmig), die bei extremen Temperaturen auftreten. Ihre Arbeit verwendet die topologische Klassifikation von Flächen, die wir nun vorstellen werden.

Die topologische Klassifikation von geschlossenen Flächen wird von einigen Autoren H. R. Brahana (1895–1972) in seiner Princetoner Dissertation von 1920 zugeschrieben [1], andere schreiben sie M. Dehn (1878–1952) und P. Heegaard (1871–1948) zu [2].

Die Liste der orientierbaren Flächen beginnt mit der Kugel, gefolgt vom Torus und den verbundenen Summen von n Kopien von Tori, genannt n-Torus und bezeichnet durch nT^2

$$S^2, T^2, T^2\#T^2, \cdots, T^2\#T^2 \cdots \#T^2 = nT^2$$

Die Liste der nicht-orientierbaren Flächen beginnt mit der projektiven Ebene, gefolgt von den verbundenen Summen von n Kopien von projektiven Ebenen, bezeichnet durch nP^2

$$P^2, P^2\#P^2, \cdots, P^2\#P^2 \cdots \#P^2 = nP^2$$

Mit der grundlegenden Identität $T^2\#P^2 = P^2\#P^2\#P^2$ können wir die verbundenen Summen von n projektiven Ebenen vereinfachen. Tatsächlich ergibt das Hinzufügen von einem P^2 auf jeder Seite der grundlegenden Identität $T^2\#P^2\#P^2 = P^2\#P^2\#P^2\#P^2$. Daher ist die Summe von vier Kopien von P^2 gleich der Summe von T^2 mit der Kleinschen Flasche K^2: $P^2\#P^2\#P^2\#P^2 = T^2\#K^2$. Wenn wir nun ein P^2 zu jeder Seite dieser letzten Gleichung hinzufügen, erhalten wir $5P^2 = T^2\#K^2\#P^2 = T^2\#3P^2 = T^2\#T^2\#P^2$.

Führen wir diesen Prozess wiederholt durch, kommen wir zu den folgenden Gleichungen:

$$(2n+1)P^2 = nT^2\#P^2$$

und

$$(2n+2)P^2 = nT^2\#K^2;$$

das heißt, die Summe einer ungeraden Zahl $2n + 1$ projektiver Ebenen entspricht der Summe von n Tori mit einer projektiven Ebene, und die Summe einer geraden Zahl $2n + 2$ projektiver Ebenen entspricht der Summe von n Tori mit einer Kleinschen Flasche.

4.3 Flächenidentifikation

Mit der Liste aller geschlossenen Flächen, die aus der topologischen Klassifikation gewonnen wurden, können wir jede geschlossene Fläche identifizieren. Das Verfahren besteht darin, ein Fundamentalpolygon zu erhalten und das Wort zu lesen, das die Fläche repräsentiert. Im Falle von geschlossenen nicht-orientierbaren Flächen, deren Modelle im dreidimensionalen Raum immer Selbstüberschneidungen aufweisen, werden wir einen oder mehrere Punkte entfernen, um die Darstellung der Fläche im dreidimensionalen Raum einzubetten. Dies macht es einfacher, Schnitte zu wählen, um ein Fundamentalpolygon zu erhalten.

Wir wollen nun einige Beispiele für dieses Verfahren betrachten.

4.3.1   Tripartite Unity

Die Skulptur *Tripartite Unity* des Schweizer Architekten Max Bill (1908–1994) erhielt den ersten Preis auf der ersten *Bienal de Artes* in São Paulo im Jahr 1951 (Abb. 4.27). Sie besteht aus einer dünnen Metallplatte, deren Dicke im Vergleich zu ihrer Länge und Breite so gering ist, dass wir sie uns als Darstellung eine Fläche vorstellen können.

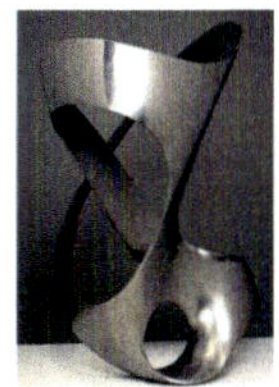

Abb. 4.27 Max Bill 1951

Max Bill war fasziniert vom Möbiusband, und es scheint, dass diese Skulptur eines dieser Bänder enthält. Es ist leicht zu erkennen, dass die Grenze der Skulptur nur eine geschlossene Linie ist. Also haben wir eine Fläche mit einem Kreis als Grenze. Aber welche Fläche stellt die Skulptur dar?

Nach einigen Schnitten werden wir ein Fundamentalpolygon der Fläche erstellen, dann können wir ihr Wort lesen.

Dazu werden vier Schnitte benötigt. Zunächst können wir die Fläche der *Dreiteiligen Einheit* mit drei Schnitten in zwei Teile teilen: einen unteren und einen oberen (Abb. 4.28).

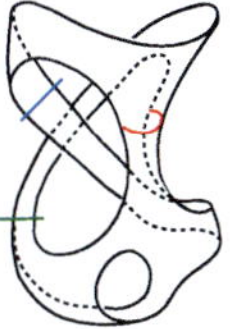

Abb. 4.28 *Tripartite Unity*, Fundamentalpolygon, Schritt 1

Der obere Teil der Fläche lässt sich leicht abflachen (Abb. 4.29). Er wird kontinuierlich in ein flaches Objekt mit drei Kanten deformiert, die jeweils einem der drei Schnitte entsprechen.

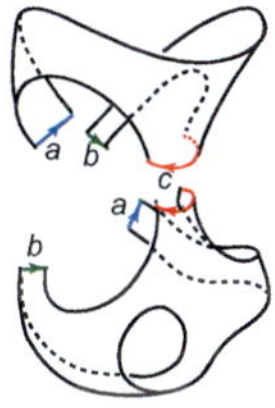
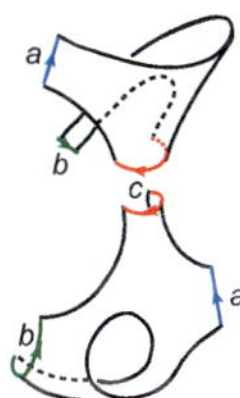

Abb. 4.29 *Tripartite Unity*, Fundamentalpolygon, Schritt 2

Die drei Kanten dieses flachen Objekts sind durch die Buchstaben a, b und c gekennzeichnet (Abb. 4.30). Diese drei Kanten sind durch Bögen verbunden, die einen Teil der Flächengrenze darstellen.

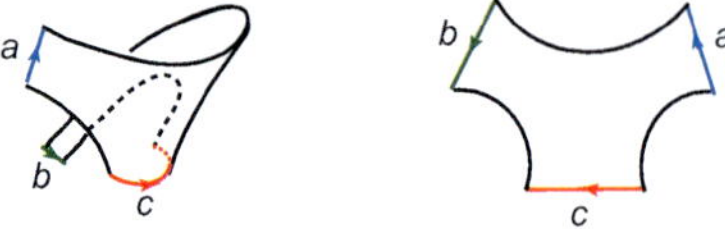

Abb. 4.30 *Tripartite Unity*, Fundamentalpolygon, Schritt 3

Der untere Teil der *Dreiteiligen Einheit* erfordert einen weiteren geeigneten Schnitt, um abgeflacht zu werden (Abb. 4.31). Er hat zusätzlich zu Bögen, die einen Teil der Flächengrenze darstellen, drei Kanten a, b und c von den ersten drei Schnitten und zwei Kanten d, die dem letzten Schnitt entsprechen.

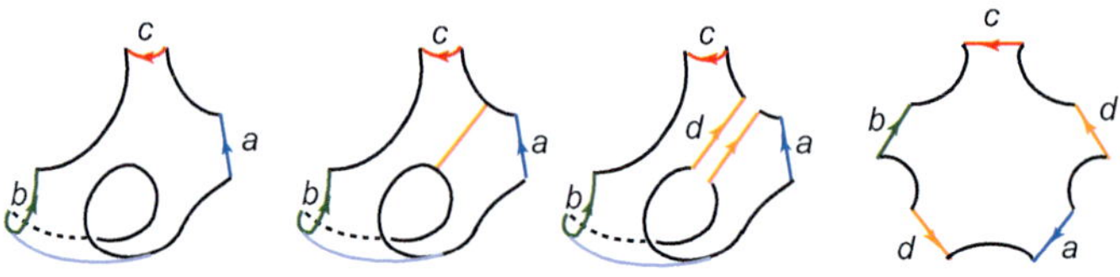

Abb. 4.31 *Tripartite Unity*, Fundamentalpolygon, Schritt 4

Schließlich fügen wir die beiden flachen Teile, den oberen und den unteren, an einer der Kanten zusammen. Wir haben uns ohne Einschränkung der Allgemeinheit für die Kante b entschieden (Abb. 4.32). So erhalten wir ein Fundamentalpolygon der Fläche, die die *Tripartite Unity* darstellt.

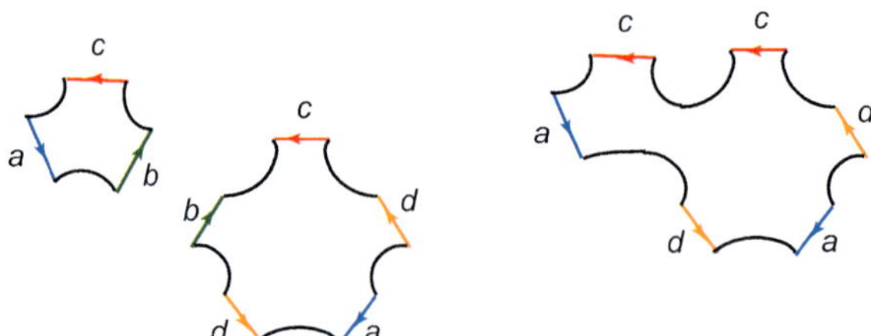

Abb. 4.32 *Tripartite Unity*, Fundamentalpolygon, letzter Schritt

Um die Fläche zu identifizieren, die die *Tripartite Unity* unter allen topologisch klassifizierten Flächen darstellt, müssen wir nur das Wort des erhaltenen Fundamentalpolygons lesen. Beginnen wir entlang der Grenze des Fundamentalpolygons an der Kante a auf der linken Seite und gehen gegen den Uhrzeigersinn, erhalten wir das Wort $ada^{-1}dcc$. Wir können dieses Wort mit der Grundoperation vereinfachen. Tatsächlich steht der Buchstabe $a-1$ zwischen zwei Buchstaben d und kann daher durch Umkehrung des Exponenten verschoben werden. Das Wort für die *Tripartite Unity* ist dann *aaddcc*.

Daher ist die von der *Dreiteiligen Einheit* dargestellte Fläche topologisch äquivalent zur verbundenen Summe von drei projektiven Ebenen. Das klingt nach einer guten Begründung für den Namen der Skulptur. Wusste Max Bill das? Es ist leicht zu erkennen, dass die Skulptur eine Fläche mit einer einzigen geschlossenen Linie als Grenze darstellt. Daher stellt die *Tripartite Unity* die Fläche dar, die aus der verbundenen Summe von drei projektiven Ebenen entsteht, aus der eine Scheibe entfernt wurde.

4.3.2   Eine Olympische Fläche

Wir geben dieser Fläche, die in Abb. 4.33 dargestellt ist, den Namen Olympische Fläche, da sie dem Logo der Olympischen Spiele Rio 2016 ähnelt. Diese Fläche wird mit fünf Schnitten in drei Teile unterteilt, die jeweils auf leichte Weise abgeflacht werden.

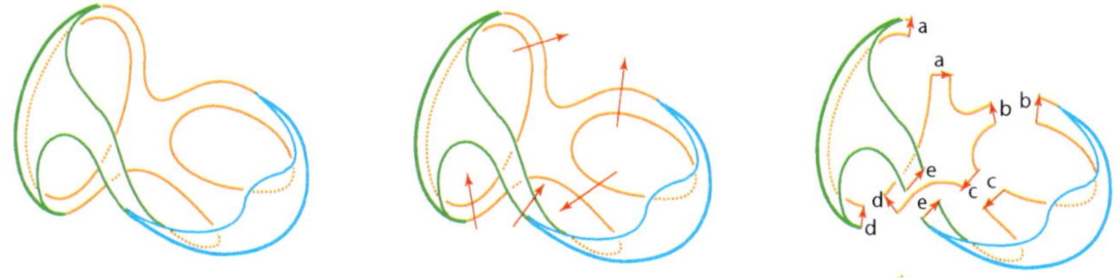

Abb. 4.33 Fundamentalpolygon der Olympischen Fläche, Schritt 1

Um ein Fundamentalpolygon zu erhalten, fügen wir zunächst die ersten beiden Teile (Abb. 4.34) an den Kanten d zusammen. Das Ergebnis wird dann an den Kanten b mit dem dritten Teil zusammengefügt. Schließlich erhalten wir ein Fundamentalpolygon der Olympischen Fläche.

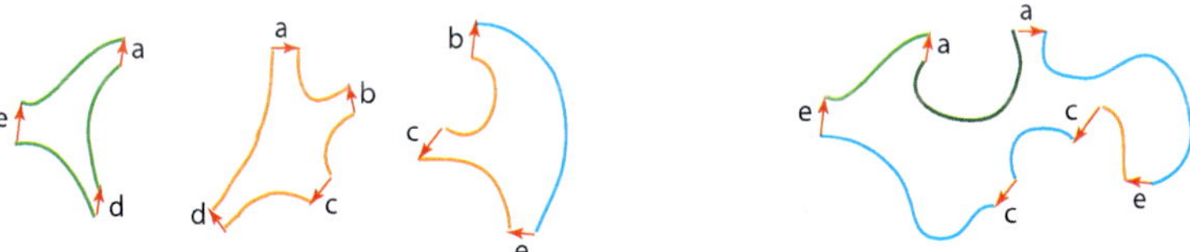

Abb. 4.34 Fundamentalpolygon der Olympischen Fläche, letzter Schritt

Wir lesen das Wort $ea^{-1}aecc$, streichen die Sequenz $aa{-}1$ und erhalten *eecc*. Da *ee* und *cc* projektive Ebenen darstellen, stellt die Olympische Fläche eine Kleinsche Flasche mit Rand dar. Entlang des Randes der Fläche finden wir drei geschlossene Linien, es ist also eine Kleinsche Flasche mit drei Kreisen als Rand .

4.3.3 Flächen mit einem viereckigen Fundamentalpolygon

Die Kugel S^2, die projektive Ebene P^2, der Torus T^2 und die Kleinsche Flasche K^2 sind die einzigen geschlossenen Flächen, deren Fundamentalpolygone viereckige Figuren sind (Abb. 4.35).

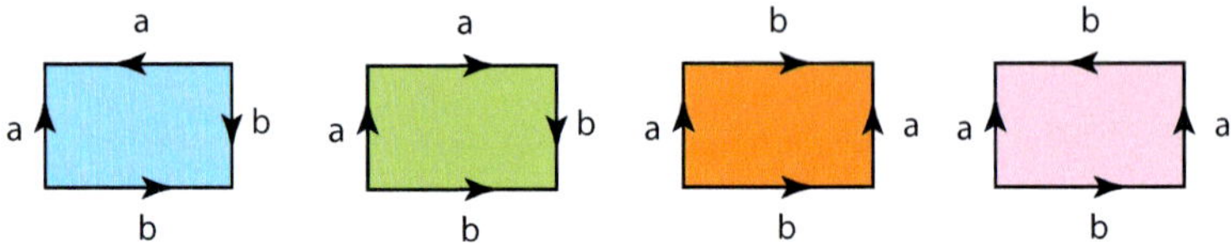

Abb. 4.35 Viereckige Fundamentalpolygone

4.3.4 Francis Torus

Diese Fläche, die in unserem geometrischen Beweis der fundamentalen Identität $T^2\#P^2 = P^2\#P^2\#P^2$ wichtig ist, stellt einen Torus dar, aus dem eine Scheibe entfernt wurde. Mit anderen Worten: einen Torus mit einer einzigen kreisförmigen Grenze.

Wir haben diese Fläche bereits gesehen, als wir eine Scheibe aus einem Torus entfernt haben (Abb. 4.11). Wir haben dann das Loch verformt, das durch die entfernte Scheibe hinterlassen wurde, und die Fläche geschnitten. Schließlich haben wir die Kanten verformt und zusammengefügt, die durch den Schnitt entstanden waren.

Jetzt werden wir das Gegenteil tun, um die Fläche zusammenzufügen.

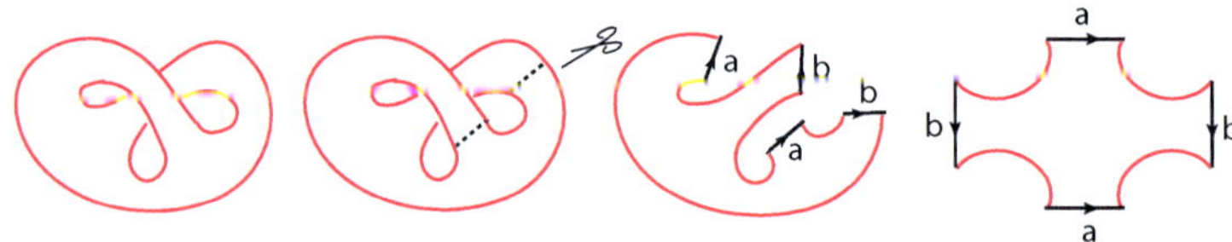

Abb. 4.36 Fundamentalpolygon des Francis-Torus

Wir erstellen ein Fundamentalpolygon mit zwei Schnitten und lesen als Wort des Francis-Torus $aba{-}^{1}b^{-1}$. Aus diesem Wort schließen wir, dass die Fläche einen Torus darstellt. Die Bögen des Fundamentalpolygons (Abb. 4.36) entsprechen der Grenze der Fläche. Bei der Rekonstruktion kommen sie zusammen und bilden eine geschlossene Linie. Daher stellt der Francis-Torus die Fläche eines Torus dar, aus dem eine Scheibe entfernt wurde.

4.3.5   Flächen mit einem Fundamentalpolygon mit sechs Kanten

Nun betrachten wir ein Fundamentalpolygon mit sechs Kanten, die drei Zusammenfügungen definieren. Je nachdem, ob diese direkt stattfinden oder nach einer Drehung um 180∘, erhalten wir unterschiedliche Flächen sowie eine unterschiedliche Anzahl von Komponenten. Im Beispiel (Abb. 4.37) erhalten wir mit der Zuordnung der Buchstaben a, b und c zu jedem der Kantenpaare das Wort $abccba$.

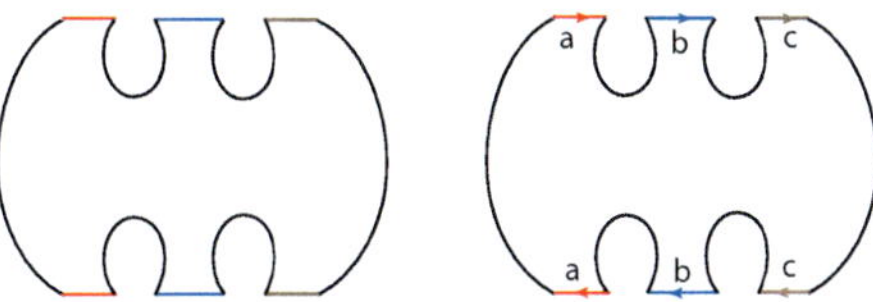

Abb. 4.37 Fundamentalpolygon mit sechs Kanten

Da Wörter eine zyklische Verschiebung von Buchstaben erlauben, entspricht dieses Wort $aabccb$. Durch Anwendung der grundlegenden Operation auf die Sequenz erhalten wir das äquivalente Wort $aac^{-1}c^{-1}bb$. Daher ist die durch dieses Fundamentalpolygon repräsentierte Fläche die verbundene Summe von drei projektiven Ebenen $P^2\#P^2\#P^2$.

Nachdem wir entlang der Grenze des Fundamentalpolygons gegangen sind, kommen wir zu dem Schluss, dass sie ein einzelner Kreis ist. Daher ist diese Fläche topologisch kongruent zur *Dreiteiligen Einheit* von Beispiel 1.

Behalten wir die oberen Pfeile bei und betrachten alle möglichen Kombinationen von Richtungen der unteren drei Kanten, erhalten wir Flächen, die zu drei topologischen Typen gehören.

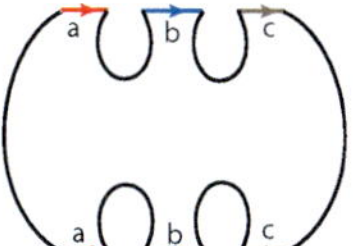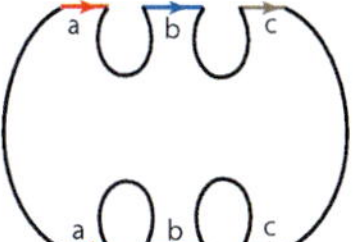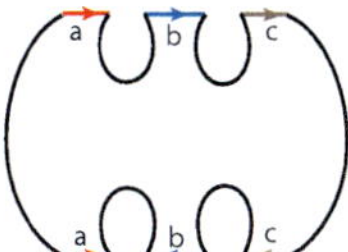

Abb. 4.38 Fundamentalpolygon mit sechs Kanten, Typ 1

Beim ersten Typ (Abb. 4.38) hat jede Fläche zwei Randkomponenten und wird durch die Wörter $abcc^{-1}ba$, $abccb{-}^1a$ und $abccba^{-1}$ repräsentiert. Die Überprüfung zeigt, dass die drei Flächen Kleinsche Flaschen mit zwei entfernten Scheiben sind. Es gilt $abccb{-}^1a = acb^{-1}cb^{-1}a = acc^{-1}b{-}^1b^{-1}a$.

Vom zweiten Typ (Abb. 4.39) haben wir projektive Ebenen mit je drei Randkomponenten, die durch die Wörter $abcc{-}^1b^{-1}a$, $abcc{-}^1ba^{-1}$ und $abccb{-}^1a^{-1}$ repräsentiert werden.

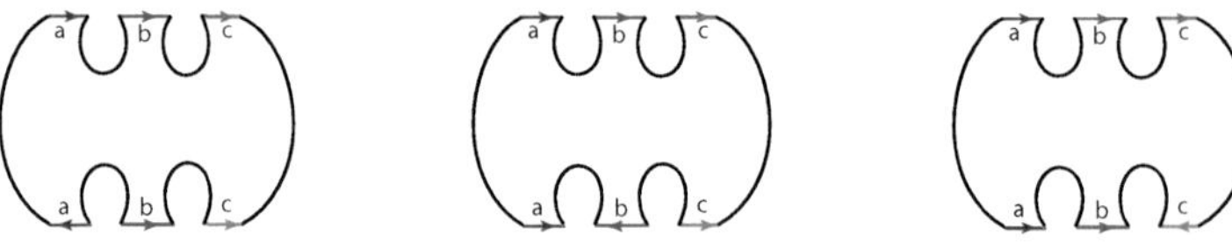

Abb. 4.39 Fundamentalpolygon mit sechs Kanten, Typ 2

Schließlich wird beim dritten Typ die Fläche, in deren Fundamentalpolygon alle sechs Pfeile von links nach rechts zeigen, durch das Wort $abcc{-}^1b^{-1}a{-}^1$ repräsentiert. Die Fläche ist eine Kugel mit vier Randkomponenten.

4.4 Form von Objekten

Wenn wir über die Form oder das Format eines Objekts sprechen, beziehen wir uns auf sein geometrisches Aussehen, das durch Homöomorphismen nicht verändert wird. Mit anderen Worten: Sind zwei Objekte topologisch äquivalent, also homöomorph, sagen wir, dass sie die gleiche Form haben. Wie erwähnt existiert im Falle von zweidimensionalen Objekten schon seit 1920 die vollständige Liste der Formen oder Formate. Für dreidimensionale Objekte steht die Klassifizierung aller Formate noch aus, ihre Fertigstellung wird aber nicht mehr lange dauern.

Wir nennen dreidimensionale Objekte, die endlich groß sind und keine Grenze haben, *Hyperflächen*.

Hyperflächen zu visualisieren und ihre Form abzuschätzen, ist ein viel schwierigeres Problem als bei Flächen, denn Hyperflächen existieren in hochdimensionalen Räumen, die mindestens eine Dimension mehr haben als unsere physische Welt. Daher muss unsere Wahrnehmung von Phänomenen, die in solchen esoterischen Räumen auftreten, erweitert werden, um ein gewisses Verständnis für die Geometrie und Klassifizierung von Hyperflächen zu bekommen. Einige technische Probleme, die bei der Klassifizierung auftreten, wurden zudem erst kürzlich gelöst.

Zu Beginn des letzten Jahrhunderts stellte der französische Mathematiker Jules Henri Poincaré (1854–1912) eine Frage, die mit der Geometrie dreidimensionaler Objekte ohne Grenze zusammenhängt. Die Frage wurde als Poincaré-Vermutung

Abb. 4.40 Poincaré

bekannt. Die topologische Klassifizierung von Hyperflächen hängt von der Lösung der Poincaré-Vermutung ab. Über diese Vermutung hinaus beschrieb Poincaré weitere bemerkenswerte Probleme, deren Lösung die Entwicklung der zeitgenössischen Mathematik prägte.

Eines dieser Probleme hat eine interessante Geschichte. Im Jahr 1887 rief König Oskar II. von Norwegen und Schweden einen Wettbewerb ins Leben, der einen Geldpreis für die beste mathematische Arbeit über die Stabilität unseres Sonnensystems versprach, ein Problem, das mit dem sogenannten Dreikörperproblem zusammenhängt, das seit Newtons Zeit bekannt ist.

Poincaré gewann den Wettbewerb, aber zwei Jahre später fand er selbst einen Fehler in seiner Arbeit: Er hatte angenommen, dass ein bestimmtes Verhalten nicht existiert, das man heute *chaotisch* nennt. Es ist das komplizierte Ergebnis aufeinanderfolgender einfacher Ereignisse.

Der Skandal, die ursprüngliche Arbeit in der damals renommiertesten Mathematikzeitschrift, den *Acta Mathematica*, veröffentlicht zu haben, wurde durch die Veröffentlichung einer neuen Arbeit zur Korrektur der vorherigen minimiert. Der Herausgeber der Zeitschrift verlangte jedoch, dass Poincaré den gemachten Fehler nicht einmal erwähnte und auch die Kosten der neuen Veröffentlichung trug, die sich auf fast das Doppelte des erhaltenen Preises belief. Die Geschichte verhalf dem jungen Poincaré am Ende, international bekannt zu werden: Er wurde einer der berühmtesten Mathematiker seiner Zeit. Laut dem französischen Mathematiker Étienne Ghys war Poincaré so beliebt, dass sein Foto in einer Sammlung von Kärtchen erschien, die von einem Schokoladenhersteller verbreitet wurden und das Bild der bekanntesten Menschen der Zeit trugen. *Wie viele Mathematiker waren zu Lebzeiten so berühmt, dass ihr Foto auf Schokoriegeln erschien?* – fragt Ghys [4, S. 89] (Abb. 4.40).

Abb. 4.41 Perelman

Generationen brillanter Mathematiker suchten vergeblich nach einer Lösung für die Poincaré-Vermutung, bis sie schließlich 2006 der exzentrische russische Mathematiker Grigori Perelman fand (Abb. 4.41). Für diese spektakuläre Leistung, die bei der Beschreibung der Form unseres Universums helfen sollte, erhielt Perelman die Fields-Medaille, eine der prestigeträchtigsten Auszeichnungen in der Mathematik. Perelman lehnte jedoch die Auszeichnung ab und verzichtete auch auf das Preisgeld von 1 Million US-Dollar, den ein Institut jedem anbot, der die Poincaré-Vermutung lösen konnte.

Die topologischen Klassifizierungen von Objekten nach ihrer Dimension enden hier. Wie eine Arbeit des russischen mathematischen Logikers Andrei A. Markow jun. zeigt [5], ist das Problem in den Dimensionen eins und zwei gelöst, die Lösung für Dimension drei ist auf dem Weg, aber Dimension größer als drei sind unlösbar.

Literatur

1. Brahana, Henry; *Systems of circuits on two-dimensional manifolds,* Ann. of Math. (2) 23, 144–168 (1921).
2. Dehn, M.& Heegaard, P.; *Analysis situs,* in Enzyklop. d. math. Wissensch. III1, 153–220 (1907).
3. Francis, George; *A topological picturebook*, Springer 1990.
4. Ghys, Étienne; *A singular mathematical promenade*, ENS Éditions 2017. http://perso.ens-lyon.fr/ghys/promenade/
5. Markov Jr., Andrei; *The insolubility of the problem of homeomorphy,* Proc. International Congress of Mathematicians in Edinburgh, S. 300–306, Cambridge Univ. Press 1958.
6. Rodríguez, José Luis; https://topologia.wordpress.com/2013/01/27/superficies-topologicas-en-el-arte/

Kapitel 5
Die vierte Dimension

5.1 Flächenland und Raumland

Das physische Universum ist der Ort aller bekannten Materie.

Dass dieses Universum drei Dimensionen hat, ist ein Wissen, das durch die Sinne erlangt wird.

Alle Verschiebungen auf der Welt sind Kombinationen von Verschiebungen in drei unabhängige Richtungen. Die kartesische Beschreibung (Abb. 5.1), die jedem Punkt P im Raum drei Zahlen zuordnet, nämlich Länge x, Breite y und Höhe z, gemessen in einem festen Koordinatensystem, schafft eine mathematische Darstellung des dreidimensionalen Universums. Der Raum mit dieser Koordinatenbeschreibung $P = (x,\ y,\ z)$ wird mit $\mathbb{R}^3$ bezeichnet und ist als euklidischer dreidimensionaler Raum bekannt. Analog definieren wir $\mathbb{R}^n$ für alle n.

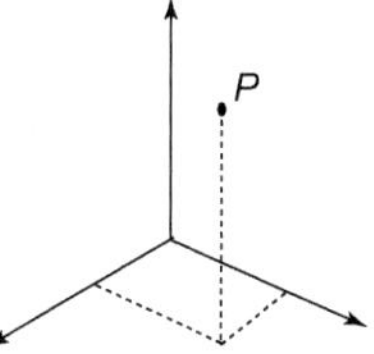

Abb. 5.1 Koordinaten

Die mögliche Existenz von Räumen mit mehr Dimensionen als drei, zum Beispiel einer vierten Dimension, ist Gegenstand einer sehr alten Debatte.

Aristoteles (385 v. Chr.–322 v. Chr.) lehnte jede Möglichkeit der Existenz einer vierten Dimension ab, und nach ihm behaupteten viele Mathematiker und Philosophen, das auch beweisen zu können. Laut dem Mathematikhistoriker Florian Cajori (1859–1930) ist die Liste der Ungläubigen lang: Claudius Ptolemäus (90–168), Gottfried Wilhelm Leibniz (1646–1716), Immanuel Kant (1724–1804), um nur einige berühmte Personen zu nennen, die in lockeren Reflexionen Gott mit dem Abstandsgesetz vermischen [3, S. 402].

In der Bibel wird in Epheser 3, 17-18 eine zusätzliche Dimension erwähnt, die Liebe: *Und ihr seid in der Liebe eingewurzelt und gegründet, damit ihr mit allen Heiligen begreifen könnt, welches die Breite und die Länge und die Höhe und die Tiefe ist.*

© Der/die Autor(en), exklusiv lizenziert an Springer Nature Switzerland AG 2024
T. Marar, *Eine spielerische Reise in die geometrische Topologie*,
https://doi.org/10.1007/978-3-031-56105-4_5

In der Physik ist es üblich, 4-dimensionale Räume in $3 + 1$ zu zerlegen: drei Dimensionen, um einen Körper zu lokalisieren, und die vierte Dimension, die besonders interpretiert werden muss.

Eine der frühesten Aufzeichnungen einer solchen Interpretation wurde von Henry More (1614–1687) vorgelegt, einem Theologen der Universität Cambridge und Zeitgenossen von Isaac Newton. Laut More ist die vierte Dimension der Ort der Seele [3, S. 399].

Die populärste Interpretation der vierten Dimension stammt von den Franzosen Jean-Baptiste d'Alembert (1717–1783) und Joseph-Louis Lagrange (1736–1813), die in ihren mathematischen Beschreibungen von Problemen der Mechanik die vierte Dimension mit der Zeit in Verbindung brachten.

In der Geometrie ist die Vorstellung von Räumen mit Dimensionen größer als drei nichts Spektakuläres. Diese Räume sind genauso abstrakt wie ein-, zwei- oder dreidimensionale Räume. Überraschend mag sein, dass in geometrischen Darstellungen in hochdimensionalen Räumen, die unsere Fähigkeit zur Visualisierung übersteigen, Phänomene auftreten können, die unserer Erfahrung der physischen Welt fremd sind.

Der Roman *Flächenland* von Edwin A. Abbott (1838–1926) [1] beschreibt das Leben in einem zweidimensionalen Universum. Die Probleme seiner Bewohner, sich ein dreidimensionales Universum vorstellen, das sie für esoterisch halten, sind analog zu unseren Problemen mit der vierten Dimension. Diese Analogie hilft uns, bestimmte Phänomene zu verstehen, die in Räumen mit einer Dimension größer als drei stattfinden.

Zum Beispiel definieren Kanten in einer zweidimensionalen Welt wie Flächenland ein geschlossenes Polygon, das einen zweidimensionalen Ort, sein Inneres, umschließt. Flächenlandbewohner können diesen Ort betreten, indem sie eine der Kanten wie eine Tür öffnen. Alles findet auf der Ebene statt (Abb. 5.2).

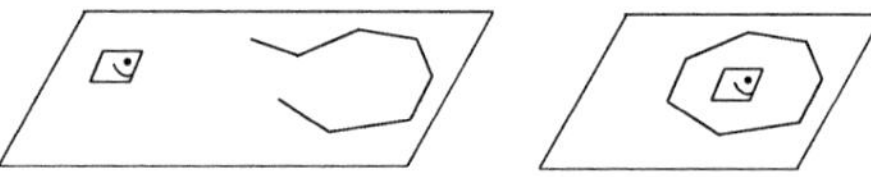

Abb. 5.2 Flächenland

Wir, die wir im dreidimensionalen Raum leben, können in diesen zweidimensionalen Ort springen, ohne eine Tür öffnen zu müssen. Der in der Ebene geschlossene Ort ist in der dritten Dimension offen (Abb. 5.3a).

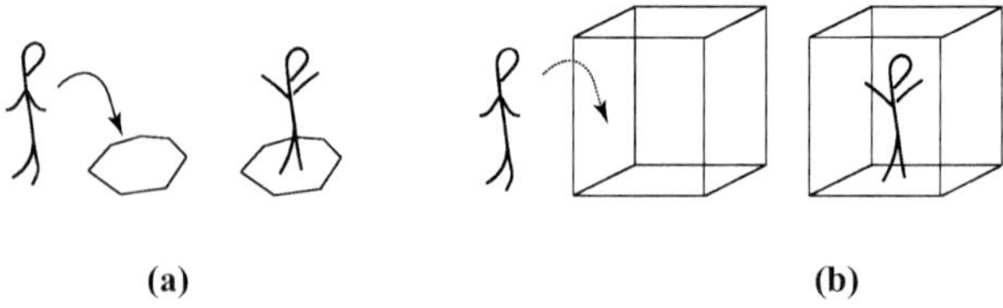

(a)   (b)

Abb. 5.3 Springen ins Innere

Wir betrachten nun ein massives Quadrat, also ein Viereck zusammen mit seinen inneren Punkten. Sechs solcher massiver Quadrate können so angeordnet werden, dass sie einen Würfel definieren, der einem Boden, einen Deckel und vier vertikalen Wände hat. Das Innere des Würfels umfasst einen dreidimensionalen Ort, einen Teil des dreidimensionalen Raums. Wir können diesen Ort durch eine offene Tür in einer der Würfelwände betreten.

Analog zu dem, was mit dem geschlossenen zweidimensionalen Ort passiert ist, der im dreidimensionalen Raum offen ist, ist der geschlossene dreidimensionale Ort im vierdimensionalen Raum offen. Durch Nutzung der vierten Dimension ist es möglich, diesen dreidimensionalen Ort zu betreten, ohne die Tür öffnen zu müssen. Abb. 5.3b zeigt einen Sprung durch die vierte Dimension in einen geschlossenen dreidimensionalen Ort, der durch transparente massive Quadrate definiert ist.

Es gibt kein magisches Portal von einer Welt in eine andere Welt mit einer höheren Dimension. Ein Flächenlandbewohner kann z.B. den dreidimensionalen Ort nicht betreten, der durch einen Würfel definiert ist, der auf dem Boden von Flächenland ruht. Er sieht von einem Würfel nichts als seinen Boden, den einzigen Teil des Würfels, der in der zweidimensionalen Welt enthalten ist. Selbst wenn die Zugangstür zum dreidimensionalen Ort offen ist, findet der Bewohner der zweidimensionalen Welt keinen Ort, um in den Würfel zu gelangen, da dessen Boden ein massives Quadrat ist.

In Abbotts Roman nimmt ein Wesen der dritten Dimension (eine Kugel) einen Flächenlandbewohner (ein Quadrat) mit auf eine Reise in die dritte Dimension: eine transzendentale Erfahrung für das Quadrat!

So wie man einen dreidimensionalen Ort betritt, ohne die Tür zu öffnen, indem man die vierte Dimension nutzt, kann man einen geschlossenen Raum auch verlassen, da er aus der Sicht der vierten Dimension offen ist. Alles, was im dreidimensionalen Raum geschlossen ist, ist im vierdimensionalen Raum offen. Durch die Nutzung der vierten Dimension kann ein Eigelb entfernt werden, ohne das Ei zu brechen. Indem man die vierte Dimension nutzt, kann man also ein Omelett machen, ohne Eier zu zerschlagen. Aus der vierten Dimension können wir das Innere eines jeden geschlossenen Bereichs eines dreidimensionalen Raums sehen, wie zum Beispiel unser Körperinneres. Ein Chirurg kann aus einem vierdimensionalen Raum invasive Chirurgie durchführen, ohne den Patienten aufzuschneiden. Geld aus einem verschlossenen Tresor kann verschwinden, ohne dass er aufgebrochen wird!

5.2   Jenseits der dritten Dimension

Wir werden nun geometrische Darstellungen „jenseits der dritten Dimension" untersuchen. *Beyond the Third Dimension* ist der Titel eines sehr schönen Buches von Thomas Banchoff [2], einem führenden Forscher auf dem Gebiet der höheren

Dimensionen. In dem Buch werden Wege zur Darstellung und zum Verständnis von Dimensionen unterhalb und oberhalb unserer eigenen untersucht.

Abgesehen von esoterischen Fragen können hochdimensionale Räume auch verwendet werden, um Darstellungen von Phänomenen zu vereinfachen, die normalerweise kompliziert sind, wenn sie in Räumen betrachtet werden, die weniger Dimensionen haben.

Zum Beispiel haben wir bei der topologischen Klassifizierung zweidimensionaler Objekten, also derjenigen, die in Flächenland leben, gesehen, dass die Modelle nicht orientierbarer geschlossener Flächen in einem dreidimensionalen Raum sehr kompliziert sein können. In diesen Fällen ist ein Raum mit einer Dimension größer als drei notwendig, um den Modellierungsprozess vollständig zu verstehen. Tatsächlich lassen sich alle orientierbaren Flächen, wie die Kugel (Abb. 5.4a) und der Torus (Abb. 5.4b), in einem dreidimensionalen Raum einbetten, während die nicht orientierbaren, wie die projektive Ebene (Abb. 5.4c) und die Kleinsche Flasche (Abb. 5.4d), eine zusätzliche Dimension benötigen, um ohne Selbstschnitte dargestellt zu werden.

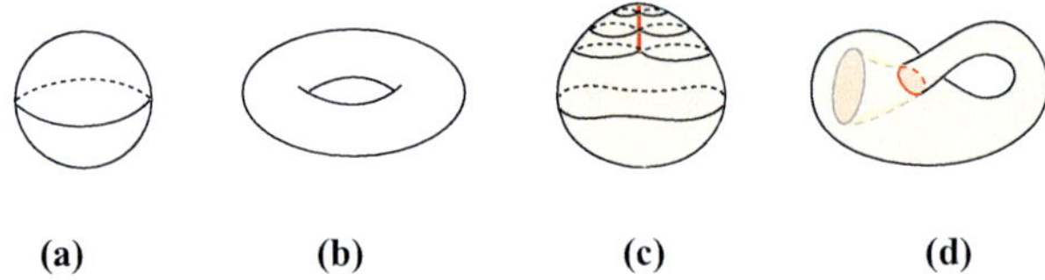

(a)   (b)   (c)   (d)

Abb. 5.4 Kugel, Torus, projektive Ebene und Kleinsche Flasche

Alle geschlossenen Flächen, ob orientierbar oder nicht orientierbar, lassen sich in einem vierdimensionalen Raum einbetten, und jede Projektion dieser Objekte in einen dreidimensionalen Raum kann Selbstschnitte und in einigen Fällen auch singuläre Punkte aufweisen. Dass alle Flächen in einen vierdimensionalen Raum eingebettet werden können, wird durch einen Satz von Hassler Whitney (1907–1989) gewährleistet. Er bewies für jedes $n \geq 2$, dass n-dimensionale Objekte in $2n$-dimensionale Umgebungen eingebettet werden können. Daher kann jede Fläche ($n = 2$) in den vierdimensionalen Raum eingebettet werden.

Die Einschränkung, dass ein Raum nicht groß genug ist, um eine Darstellung ohne Unregelmäßigkeiten zu ermöglichen, tritt auch bei der Darstellung von Projektionen eindimensionaler Objekte in zweidimensionalen Räumen auf. Zum Beispiel kann eine gekrümmte und verdrehte Linie (eindimensionales Objekt) sicherlich in einen dreidimensionalen Raum eingebettet werden, aber wenn sie auf die Ebene (zweidimensionaler Raum) projiziert wird, kann sie, abhängig von der Projektionsrichtung, Unregelmäßigkeiten wie Selbstschnitte (Kreuzungen) und singuläre Punkte (Spitzen) aufweisen. Die Spitze tritt genau dann auf, wenn die Projektionsrichtung tangential zur Linie ist. Der Tangentialpunkt der Kurve wird als spitzenförmiger Punkt auf die Ebene projiziert (Abb. 5.5).

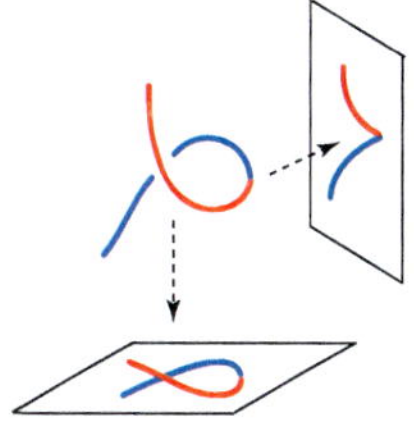

Abb. 5.5 Projektion auf eine Ebene

Dieses Phänomen wurde mir physisch von meinem damaligen Doktorvater David Mond an der Warwick University (UK) vorgestellt. Indem er einen verdrehten Draht bewegte, während ich mit einem Auge zuschaute, ließ mich David erkennen, dass zu einem bestimmten Zeitpunkt die Abfolge von Kreuzungen, die auf die Fläche meiner Netzhaut, einen zweidimensionalen Raum, projiziert wurden, einem spitzenförmigen Punkt Platz machte.

Betrachten wir nun Räume mit einer Dimension größer als drei und betten wir irgendeine Fläche in sie ein. Einmal in den vierdimensionalen Raum eingebettet, können wir die geschlossene Fläche in ihrer Ganzheit darstellen und vielleicht sehen. Dieser Prozess, eine geschlossene Fläche in die vierte Dimension einzubetten und nicht nur ihre komplizierten Projektionen auf einen dreidimensionalen Raum zu sehen, hat eine gewisse Ähnlichkeit mit dem, was in Platons Höhlengleichnis geschieht.

Alle Verfahren, die einen vierdimensionalen Raum verwenden, sind reichlich abstrakt, da wir es nicht gewohnt sind, Räume jenseits unserer dreidimensionalen physischen Welt zu sehen. Einige Darstellungen sind auch in gewisser Weise uneindeutig, und der Beobachter muss wählen, was er sieht.

Sehen wir in Abb. 5.6a die Ecke eines Raumes oder den Eckpunkt eines Würfels? Anders gefragt: Ist der Schnittpunkt der drei Segmente nach hinten oder nach vorne gerichtet? Sehen wir in Abb. 5.6b zwei Profile oder eine Vase? Der Beobachter wählt aus und sieht dann nur eine der Möglichkeiten.

(a)   **(b)**

Abb. 5.6 Optische Täuschungen

Die großartige brasilianische Künstlerin Regina Silveira [7] hat Werke geschaffen, die mit unseren Sinnen spielen. Wir werden durch unsere visuelle Wahrnehmung über den Raum der Darstellung hinausgeführt. Abb. 5.7 zeigt Regina Silveira, wie sie auf ihrem auf dem Boden verwirklichten Werk steht, aber es sieht so aus, als ob sie schwebt.

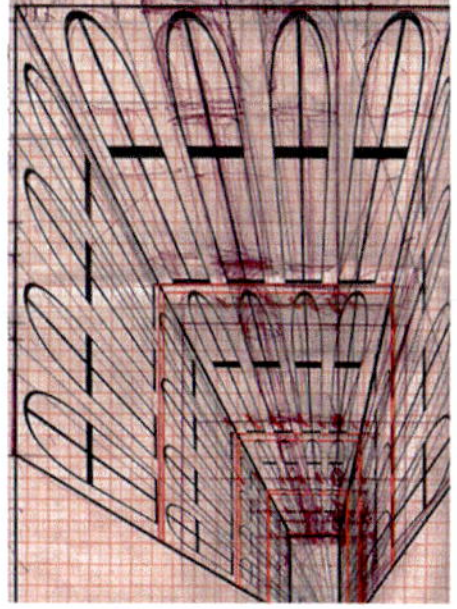

Abb. 5.7 Regina Silveira

So wie wir einen Flächenlandbewohner in einen dreidimensionalen Ort bringen, können wir uns vorstellen, in einem höherdimensionalen Raum gebracht zu werden. Stellen wir uns einen solchen Ort im vierdimensionalen Raum vor, in den wir hineingebracht wurden, vielleicht von einem Bewohner dieses Raumes, werden wir sicherlich eine transzendentale Erfahrung machen.

5.3 Vierdimensionaler Ort

In Kap. 3 erwähnen wir die Begriffe des Ortes, des Raumes und der Materie, wie sie von Archytas im antiken Griechenland beschrieben wurden. Archytas behauptet, dass es der Raum ist, wo alle Phänomene auftreten, dass aber der Begriff des Ortes a priori vorhanden ist. Nach Archytas nimmt ein Körper einen Ort ein und kann ohne ihn nicht existieren. Darüber hinaus erfordert auch die Bewegung eines Körpers, dass er einen Ort hat, den er einnehmen kann.

Um einen Ort im vierdimensionalen Raum darzustellen, gehen wir analog zum Prozess der Modellierung von Orten in Räumen mit weniger Dimensionen vor.

Es ist einfach, ein Quadrat mit seinen vier rechten Winkeln und vier Kanten gleicher Länge in der Ebene dieser Buchseite darzustellen. Ein Quadrat ist wie alle Polygone ein eindimensionales Objekt, das in der Ebene eine Region eines zweidimensionalen Raums, einen zweidimensionalen Ort, umschließt. Das Quadrat ist zusammen mit seinen inneren Punkten ein *massives* Quadrat.

Die Darstellung eines Würfels auf dieser Buchseite ist sehr vertraut, aber doch nicht so einfach. Sie enthält mehrere Übereinstimmungen zwischen dem, was dargestellt wird und dem, was zu sehen ist. Tatsächlich ist eine Gruppe von drei Segmenten, die zueinander im rechten Winkel stehen wie z.B. die Kanten an jedem Eck eines Würfels, nur mit Hilfe bestimmter Kunstgriffe in der Ebene darstellbar. Mit Hilfe der Perspektive stellen wir auf der Buchseite das Bild dar, das auf die Oberfläche unserer Netzhaut projiziert wird, wenn wir auf einen Würfel schauen. Die Perspektive verfälscht die Figur. Einige oder alle quadratischen Flächen des Würfels werden in andere Arten von Vierecken umgewandelt, wenn sie auf der Ebene gezeichnet werden. Solche Verzerrungen werden intellektuell durch eine bestimmte Übereinstimmung zwischen dem, was man sieht und dem, was es tatsächlich ist, kompensiert. Daher gelingt es uns, in der zweidimensionalen Ebene ein Objekt der dritten Dimension zu erkennen.

Ein Würfel als geschlossenes zweidimensionales Objekt besteht aus acht Eckpunkten, zwölf Kanten und sechs massiven quadratischen Flächen, den drei Paaren paralleler massiver Quadrate, zwei für jede der drei vom Würfel definierten Richtungen. So umschließt dieses geschlossene zweidimensionale Objekt eine Region des dreidimensionalen Raums, einen dreidimensionalen Ort. Analog zum massiven Quadrat nennen wir einen Würfel zusammen mit seinen inneren Punkten einen *massiven* Würfel.

Um einen Würfel auf der Ebene darzustellen, zeichnen wir drei Segmente einer Geraden in Perspektive, sagen wir s_1, s_2 und s_3, mit einem gemeinsamen Endpunkt

(Abb. 5.8). Damit werden eine Ecke und drei Kanten des Würfels dargestellt, die in Wirklichkeit aufeinander senkrecht stehen. Die drei Segmente haben drei Endpunkte. Jedes Ende eines Segments enthält zwei Segmente parallel zu den anderen beiden. Zum Beispiel erhält das Ende des Segments s_1 ein Segment parallel zu s_2 und ein zweites parallel zu s_3. Dies schafft neue Endpunkte, und wir wiederholen den Prozess, bis alle acht Eckpunkte drei Kanten haben (Abb. 5.8).

Abb. 5.8 Würfel

Zu beachten ist, dass wir von Beginn der Zeichnung an Vereinbarungen zwischen dem, was gezeichnet wird und dem, was dargestellt wird, getroffen haben. Die drei anfänglichen Kanten stehen zueinander senkrecht. Da höchstens zwei senkrecht aufeinander stehende Kanten durch einen gegebenen Punkt in der Ebene verlaufen, werden die drei Kanten mit Perspektive gezeichnet. Die Wahl der Kantenrichtungen bestimmt den Blickwinkel, aus dem der Würfel bei seiner Darstellung in der Ebene wahrgenommen wird.

Um einen vierdimensionalen Ort zu definieren, gehen wir ähnlich vor. Wir beginnen mit vier Segmenten, die an einem Eckpunkt ihren gemeinsamen Endpunkt haben. Jedes der Segmente geht in eine Richtung, die senkrecht zu den anderen drei ist (Abb. 5.9). Dann machen wir an den vier neu geschaffenen Enden dasselbe: Wir zeichnen drei Segmente, von denen jedes parallel zu einer der ursprünglichen Kanten ist. Dann wiederholen wir den Prozess, bis wir an jedem der sechzehn geschaffenen Eckpunkte vier Kanten haben.

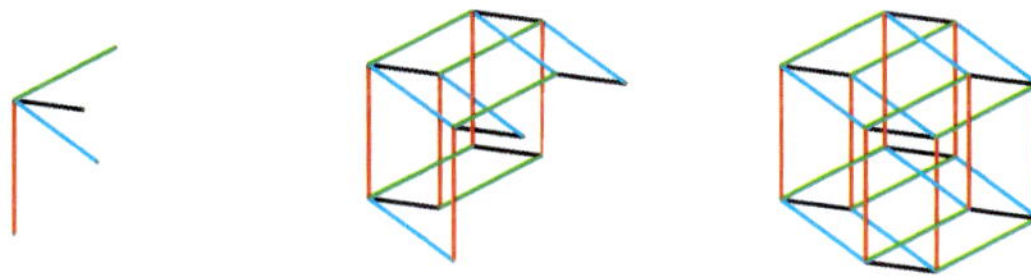

Abb. 5.9 Hyperwürfel

Als Ergebnis erhalten wir eine Darstellung der sechzehn Eckpunkte und zweiunddreißig Kanten des Objekts, das Hyperwürfel oder Tesserakt (griech. vier Strahlen) genannt wird. Analog zu dem, was wir getan haben, um das geschlossene zweidimensionale Objekt „Würfel" zu definieren, indem wir die sechs massiven Quadrate hinzugefügt haben, müssen wir hier die acht massiven Würfel berücksichtigen, um das geschlossene dreidimensionale Objekt „Hyperwürfel" zu definieren. Daher umschließt dieses geschlossene dreidimensionale Objekt eine Region des vierdimensionalen Raums; das heißt, einen vierdimensionalen Ort.

Während die Darstellung des Hyperwürfels in der Ebene dem einfachen Verfahren folgt, mit dem wir den Würfel gezeichnet haben, ist die Visualisierung viel schwieriger. Während uns das geometrische Objekt „Würfel" vertraut ist, da es durch physische Modelle dargestellt werden kann, hat der Hyperwürfel kein physisches Modell in einem dreidimensionalen Raum.

Es gibt noch eine andere Technik zur Erzeugung von Darstellungen von Quadraten, Würfeln und Hyperwürfeln: das dynamische Verschieben.

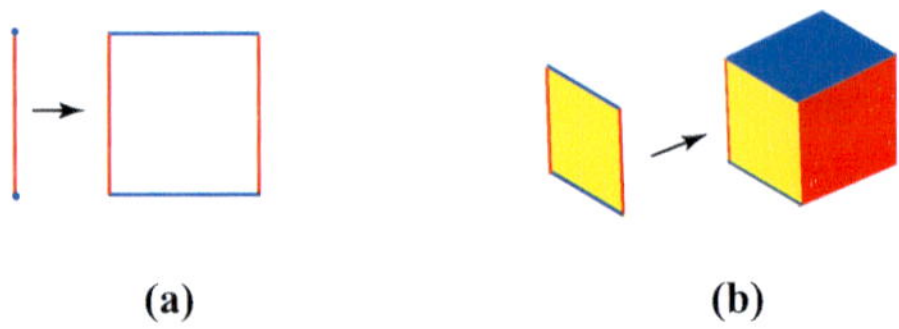

(a)   (b)

Abb. 5.10 (**a**) Von 1D zu 2D (**b**) Von 2D zu 3D

Das Quadrat erhält man, indem eine Kante der Länge L um eben diese Länge L entlang einer Richtung verschoben wird, die senkrecht zu dieser Kante ist. Am Ende haben wir eine neue Kante der Länge L und sammeln zwischen Start- und Endkante nur die beiden äußeren Punkte der verschiebenden Kante (Abb. 5.10a). Das Ergebnis ist ein Quadrat, ein eindimensionales Objekt, das eine zweidimensionale Region der Ebene umschließt, die durch die Richtung der Ausgangskante und ihrer Senkrechten definiert ist.

Einen Würfel erhält man als Ergebnis der Verschiebung eines massiven Quadrats in die Richtung senkrecht zu seiner Ebene, vorwärts oder rückwärts, um die gleiche Länge wie die Kante des Quadrats. Während in der Ebene die beiden senkrechten Richtungen eine Bewegung von links nach rechts und von oben nach unten ermöglichen, ist eine Vor- und Rückwärtsbewegung nur in einem dreidimensionalen Raum möglich. Wir beginnen mit einem massiven Quadrat mit seinen vier Eckpunkten, vier Kanten der Länge L und der zweidimensionalen Region, die von ihnen definiert wird, die wir sein Gesicht nennen können. Wir verschieben dieses Gesicht um die Länge L entlang der Richtung senkrecht zur Ebene, die die Ausgangsfläche enthält. Am Ende dieser Aktion haben wir eine neue Fläche, parallel zur ursprünglichen, und während des Verschiebungsprozesses sammeln wir die Kanten des verschiebenden massiven Quadrats. So erhalten wir ein zweidimensionales Objekt aus sechs Gesichtern (massiven Quadraten), das eine Region des dreidimensionalen Raums umschließt, einen dreidimensionalen Ort (Abb. 5.10b).

Wenn wir nun einen massiven Würfel in die Richtung senkrecht zum dreidimensionalen Raum verschieben, den der Würfel umschließt, erhalten wir einen Hyperwürfel, ein geschlossenes dreidimensionales Objekt. Der Prozess ist identisch mit beiden vorherigen Prozessen, die ein Quadrat (geschlossenes eindimensionales Objekt) und einen Würfel (geschlossenes zweidimensionales Objekt) erzeugt haben. Die senkrechte Richtung zum vom Würfel definierten Raum kann aber nicht in einem dreidimensionalen Raum materialisiert werden. Wir beginnen mit einem massiven Würfel mit Kantenlänge L, das heißt mit dem Würfel und allen Punkten des dreidimensionalen Bereichs, den er umschließt. Wir verschieben diesen massiven Würfel in die Richtung senkrecht zum dreidimensionalen Raum, der ihn enthält und haben am Ende der Verschiebung der Länge L einen weiteren massiven Würfel (Abb. 5.11a). Im Verschiebungsprozess sammeln wir nur die Gesichter (massive Quadrate) des massiven Würfels. Als Ergebnis dieser Aktion erhalten wir einen Hyperwürfel (Abb. 5.11b).

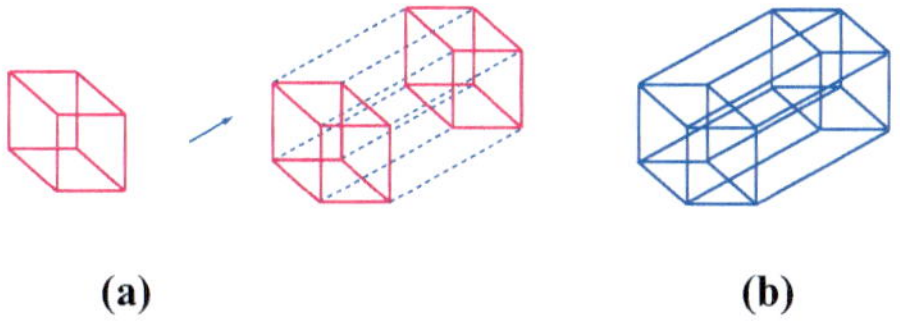

Abb. 5.11 Von 3D zu 4D

Entsprechend den sechs massiven Quadraten (zweidimensionales Objekt), die die Flächen des Würfels bilden, wird der Hyperwürfel von acht massiven Würfeln (dreidimensionales Objekt) gebildet, zwei für jede der vier Richtungen, die ihn definieren. Sie werden *Zellen* genannt (Abb. 5.12).

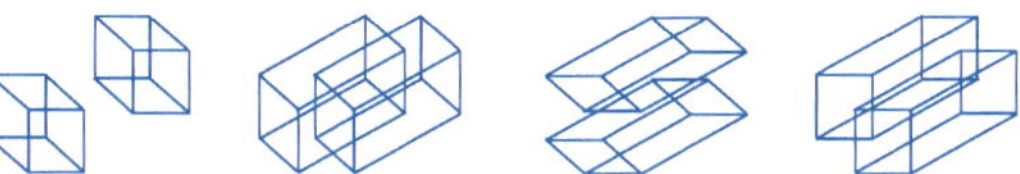

Abb. 5.12 Zellen des Hyperwürfels

Nach der Lagrangeschen Interpretation des vierdimensionalen Raums, des physischen Raums zusammen mit Zeit, könnte unser ganzes Leben durch die Abfolge der dreidimensionalen Orte dargestellt werden, die wir besetzen – mit einem Ort für jeden Augenblick unseres Lebens. Das Ergebnis wäre etwas Ähnliches wie einen Hyperwürfel.

In seinem *Akt, eine Treppe herabsteigend* von 1912 stellt Marcel Duchamp (1887–1968) ein Ereignis dar, das während eines Zeitintervalls stattfindet (Abb. 5.13).

Wenn wir dem Lagrangeschen Raum-Zeit-Kontinuum eine zusätzliche Dimension hinzufügen, können wir dort eine weitere Zeit darstellen, die unabhängig von der ersten ist. In diesem fünfdimensionalen Raum können dann verschiedene Ereignisse unseres Lebens gleichzeitig dargestellt werden.

Abb. 5.13 Duchamp 1912

Dieses Phänomen tritt am Ende von Christopher Nolans Films *Interstellar* von 2014 auf, als Cooper in sein Haus zurückkehrt. Er kann verschiedene Momente seines Lebens wahrnehmen, darf aber nicht von einer Zeit zur anderen wechseln. Cooper ist auf einen Hyperwürfel beschränkt, der nur Momente in seinem Leben darstellt. Ihm erscheint seine Tochter Murphy gleichzeitig als Kind und als Erwachsene in verschiedenen Situationen, in zwei unterschiedlichen Hyperwürfeln: ein klarer Hinweis auf die fünfte Dimension.

Im nächsten Kapitel wird die fünfte Dimension benötigt, um ein spezifisches Modell der projektiven Ebene zu verstehen, das in einem dreidimensionalen Raum dargestellt ist.

Diese n-dimensionalen Räume erweitern unsere geometrische Wahrnehmung, zumindest theoretisch. Es gibt einige Kunstgriffe zum Verständnis von Modellen, die Bereiche des n-dimensionalen Raums mit $(n-1)$-dimensionalen Darstellungen umschließen. Lassen Sie uns dies im Fall des Würfels und des Hyperwürfels sehen, die jeweils in der Ebene und in einem dreidimensionalen Raum dargestellt werden.

Die flache Darstellung eines Würfels ist uns gut bekannt.

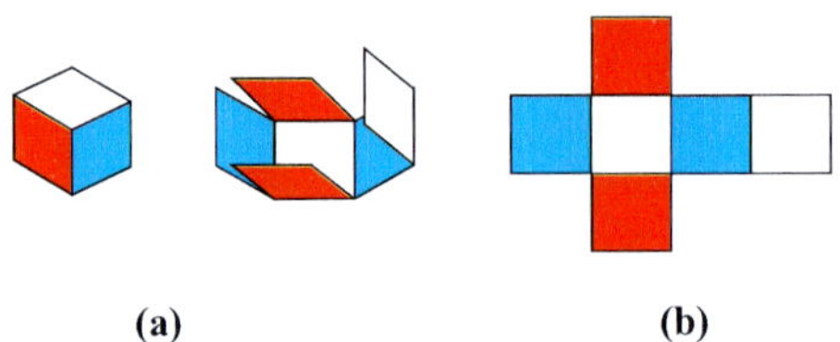

(a)   (b)

Abb. 5.14 Würfelnetze

Das Fundamentalpolygon des Würfels erhält man durch das Aufschneiden von sieben seiner zwölf Kanten (Abb. 5.14a). Das Ergebnis ist das Abflachen aller sechs quadratischen Flächen, verbunden durch die verbleibenden fünf Kanten (Abb. 5.14b).

Die Komposition aus den sechs quadratischen Flächen mit vierzehn äußeren Kanten, die durch die sieben Schnitte und fünf Kanten, die die Flächen des Würfels verbinden, entstanden ist, wird als *Würfelnetz* bezeichnet. Umgekehrt rekonstruieren wir aus einem Würfelnetz durch das Verkleben bzw. Zusammenfügen geeigneter Kantenpaare den Würfel.

Die ebene Darstellung des Würfels hat den Vorteil, dass sie keine Perspektive erfordert. Während in der perspektivischen Zeichnung quadratische Flächen des Würfels als Rhomboide erscheinen, wird im Würfelnetz keine der quadratischen Flächen verzerrt.

Abb. 5.15 Pfad auf dem Würfel

Ist man mit den Zusammenfügungen des Netzes vertraut, kann es eine geometrische Vorstellung von der Fläche vermitteln. Zum Beispiel wird ein kontinuierlicher Pfad über die Würfeloberfläche, der vom Punkt A auf einer Fläche durch eine dritte Fläche zu einem Punkt B auf einer anderen Fläche führt, im Netz durch drei getrennte Kurven dargestellt (Abb. 5.15).

Es gibt noch weitere Kompositionen mit sechs quadratischen Flächen, die andere Würfelnetze erzeugen. Wir müssen dazu einfach einen anderen Satz von sieben Kanten auswählen, um die Schnitte zu erhalten, die den Würfel abflachen. Allerdings ist nicht jede Anordnung mit sechs Quadraten und fünf inneren Kanten ein Würfelnetz. Es gibt genau elf Würfelnetze (Abb. 5.16).

Abb. 5.16 Die elf Würfelausfaltungen

Die Bildung der Würfelnetze wurde in Kap. 4 angepasst, um Fundamentalpolygone jeder geschlossenen Fläche zu konstruieren. Geeignete Schnitte wurden an Modellen durchgeführt, die aus einem imaginären Material bestanden, das perfekt verformbar war, bis die Fläche abgeflacht war.

Während der Würfel 8 Eckpunkte (0-D), 12 Kanten (1-D) und 6 Flächen (2-D) hat, hat der Hyperwürfel 16 Eckpunkte (0-D), 32 Kanten (1-D), 24 Flächen (2-D) und 8 Zellen (3-D).

Ein dreidimensionales Modell des Hyperwürfels ist analog zum Netz einer Komposition aus 8 dreidimensionalen Zellen (massiven Würfeln), die durch Schnitte entlang 17 der 24 quadratischen Flächen erhalten werden. Mit diesen Schnitten entfaltet sich der Hyperwürfel zu einem dreidimensionalen Modell, einer Komposition aus 8 massiven Würfeln. Eine solches Netz wird auch als *offener Hyperwürfel* bezeichnet (Abb. 5.17).

Abb. 5.17 Offener Hyperwürfel

Jeder Schnitt entlang der Quadrate führt zu einer Verdoppelung dieser Quadrate im dreidimensionalen Modell. Von den 24 quadratischen Flächen des Hyperwürfels erhalten 7 Flächen bei der Herstellung des dreidimensionalen Modells keine Schnitte. Sie sind die inneren Flächen.

Die 11 verschiedenen Würfelnetze erhält man durch unterschiedliche Auswahlmöglichkeiten des Satzes von 7 Schnittkanten. Die dreidimensionalen Netze des Hyperwürfels sind ebenfalls abzählbar: Es gibt genau 261 verschiedene Hyperwürfelnetze in einem dreidimensionalen Raum für die verschiedenen Auswahlmöglichkeiten der 17 quadratischen Flächen, die geschnitten werden sollen. Ein Beweis, der auf kombinatorische Weise mit Graphen erzielt wurde, findet sich im Artikel von Peter Turney [8].

Beim Wiederaufbau des Würfels aus seinem Netz bleibt nur eine quadratische Fläche auf der Ebene, auf der das Netz lag. Nach der richtigen Zusammenfügung der Paare von Kanten werden die anderen 5 quadratischen Flächen des Würfelnetzes die dritte Dimension einnehmen.

Die Zusammenfügungen zur Rekonstruktion des Hyperwürfels aus seinem dreidimensionalen Modell werden in der vierten Dimension gemacht, indem Paare von Quadraten zusammengefügt werden, die aus den 17 Schnitten gewonnen wurden. Die Zusammenfügung der Quadrate erfolgt Punkt für Punkt so, als ob es Scharniere an den Kanten der Würfel gäbe. Das Basisquadrat wird mit dem Dachquadrat zusammengefügt. Danach wird ähnlich wie beim Würfel nur einer der 8 massiven Würfel, die den offenen Hyperwürfel bilden, in dem dreidimensionalen Raum bleiben, in dem er stand, während die anderen 7 massiven Würfel die vierte Dimension einnehmen.

5.4 Die vierte Dimension in Kunst und Literatur

Verweise auf den Hyperwürfel finden sich in den Werken einiger Schriftsteller und Künstler.

In Robert Heinleins (1907–1988) Kurzgeschichte *Das 4-D-Haus* von 1941 gibt es ein futuristisches dreistöckiges Gebäude. Über dem Erdgeschoss laufen im ersten Stock vier Schlafzimmer in einen zentralen Raum zusammen, zwei weitere Räume liegen in den oberen Stockwerken, die alle die Form eines offenen Hyperwürfels haben. Die Geschichte spielt in Kalifornien, wo Erdbeben häufig sind. Eines Tages gab es ein anomales Erdbeben. Anstatt das Haus zu zerstören, fügte das von Heinlein beschriebene Erdbeben korrekt die Quadrate des offenen Hyperwürfels zusammen, und das Haus schloss sich in Form eines offenen Hyperwürfels!

Nachdem sie zusammengefügt wurden, gingen sieben kubische Zellen in die vierte Dimension, wobei nur ein einziger Würfel im dreidimensionalen Raum sichtbar blieb, genau der, in dem die Schiebetür installiert war. Die intakte Tür war eine Einladung an die Personen, das Innere des Hauses anzuschauen. Im Raum im Erdgeschoss gab es eine Treppe, die nach oben führte. Die Personen gingen in den ersten Stock und fanden einen Raum mit Türen, die zu den vier Schlafzimmern führten. In einem dieser Zimmer öffneten sie das Fenster und gelangten durch dieses ins oberste Stockwerk. An der Decke des Zimmers gab es einen Durchgang zum zweiten Stock und auch einen Gehweg auf dem Boden, der zurück zur Eingangshalle im Erdgeschoss führte. In der Tat: ein sehr schiefes Haus.

Heinleins Geschichte ist sehr interessant, aber es fehlt ihr an Strenge. Tatsächlich sind die acht Würfel, die einen Hyperwürfel erzeugen könnten, indem man eine angemessene Zusammenfügung von Paaren quadratischer Flächen vornimmt und somit einen vierdimensionalen Ort definiert, massive Würfel und können daher unmöglich von Menschen aus einem dreidimensionalen Raum durchdrungen werden. Sie würden vielmehr beim Verschieben der Eingangstür mit dem massiven Inhalt des Würfels konfrontiert. Wie Heinlein das Haus beschreibt, sind seine acht Würfel keine massiven Würfel. Daher werden sie nach der korrekten Zusammenfügung der quadratischen Flächen keinen vierdimensionalen Bereich definieren. Es ist so, wie wenn man sich ein flaches Modell des Würfels nur mit den Kanten vorstellen würde, ohne den inneren Teil der quadratischen Flächen. Sobald die Kanten korrekt zusammengefügt sind, würde kein geschlossener Bereich in einem dreidimensionalen Raum definiert werden, nur eine Reihe von zwölf Kanten, von denen je drei an jedem der acht Ecken zusammenlaufen. Das flache Würfelmodell besteht aus sechs zweidimensionalen quadratischen Regionen (massive Quadrate), während der offene Hyperwürfel aus acht dreidimensionalen kubischen Regionen (massive Würfel) besteht.

So wie ein Bewohner von Flächenland unsere Hilfe benötigen würde, um in einen Würfel einzutreten, müssten auch wir, um den vierdimensionalen Ort zu besuchen, der durch einen Hyperwürfel begrenzt ist, von einem Wesen aus der vierdimensionalen Welt transportiert werden. Es gibt kein magisches Portal für uns, um in einen vierdimensionalen Raum zu gelangen.

Manche technische Details ausgenommen, ist Heinleins Geschichte ausgezeichnet, und alle in der Geschichte beschriebenen Zusammenfügungen quadratischer Flächen zur Erzeugung des Hyperwürfels sind korrekt.

René Magritte (1898–1967) stellt in seinem Bild *La reproduction interdite* von 1937 [6] einen Mann dar, der geradeaus in den Spiegel schaut und in ihm seinen Rücken sieht. Das ist ein Phänomen, das auch Heinleins Gestalten im Hyperwürfelhaus beim Blick nach oben wahrnehmen könnten. Tatsächlich wird unter den 17 Zusammenfügungen des schiefen Hauses, die den Hyperwürfel erzeugen, die quadratische Fläche des Hausdachs mit der quadratischen Fläche zusammengefügt, die der Hallenboden des Eingangs ist.

Salvador Dali (1904–1989) kreuzigt in seinem *Corpus Hypercubus* [4] von 1954 Christus in einem offenen Hyperwürfel.

Vor einiger Zeit konnte man im Religionsunterricht an katholischen Schulen noch folgende Warnung hören: *Es nützt nichts, wenn Du Dich unterm Bett versteckst oder Dich im Bad einschließt. ER sieht Dich, wo immer Du bist.* Mit anderen Worten: Jeder geschlossene dreidimensionale Ort ist für *IHN* offen.

Indem er Christus in einer höheren Dimension kreuzigt, gesteht Dali vielleicht, dass er in seiner Kindheit eine dieser Religionsstunden erleiden musste.

Die vierte Dimension wird immer Gegenstand esoterischer Fantasien sein.

Literatur

1. Abbott, Edwin; *Flatland*, introd. by Thomas Banchoff, Princeton University Press 2015.
2. Banchoff, Thomas; *Beyond the third dimension*, W H Freeman & Co 1990.
3. Cajori, Florian; *Origins of Fourth Dimension Concepts*, The American Mathematical Monthly 33, 397–406 (1926).
4. Dali, Salvador; https://www.metmuseum.org/art/collection/search/488880
5. Heinlein, Robert; *And he built a crooked house*, Street & Smith Publications 1941.
6. Magritte, René; https://www.moma.org/audio/playlist/180/2381
7. Silveira, Regina; https://reginasilveira.com/
8. Turney, Peter; *Unfolding the Tesseract*, Journal of Recreational Mathematics 17, 1–16 (1984).

Kapitel 6
Nicht orientierbare Flächen

6.1 Modellbau im dreidimensionalen Raum

Die topologische Klassifizierung geschlossener Flächen ergab zwei Listen
(Kap. 4). Die erste Liste von Flächen beginnt mit der Kugel, gefolgt vom Torus
und allen verbundenen Summen von Tori (Abb. 6.1), wie dem Bitorus, dem Tritorus und so weiter. Dies sind die orientierbaren Oberflächen.

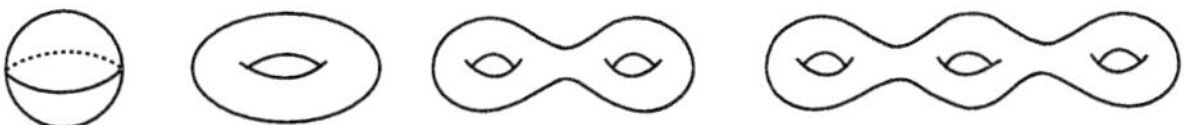

Abb. 6.1 Kugel, Torus, Bitorus und Tritorus

Alle geschlossenen orientierbaren Flächen lassen sich in den dreidimensionalen
Raum einbetten. Mit anderen Worten: Wir können sie im dreidimensionalen Raum
ohne Selbstschnitte modellieren. Darüber hinaus teilen diese Flächen den dreidimensionalen Raum in zwei Regionen: einen Innen- und einen Außenbereich.
Geschlossene orientierbare Flächen werden manchmal als *zweiseitige Flächen* bezeichnet. Um vom Inneren zum durch eine geschlossene orientierbare Fläche definierten Äußeren zu gelangen, muss ein Loch in das Modell gebohrt werden. Im
vierdimensionalen Raum ist der Begriff „zweiseitig" jedoch bedeutungslos, da es
möglich ist, die geschlossene Fläche mit Hilfe der vierten Dimension zu durch-
dringen.

Die zweite Liste von geschlossenen Flächen, die man bei der topologischen
Klassifizierung erhalten hat, umfasst die nicht orientierbaren Flächen. Das sind
zweidimensionale Objekte, die interessant sind, weil sie unserer Intuition wider-
sprechen.

© Der/die Autor(en), exklusiv lizenziert an Springer Nature Switzerland AG 2024
T. Marar, *Eine spielerische Reise in die geometrische Topologie*,
https://doi.org/10.1007/978-3-031-56105-4_6

Stellen Sie sich die Fläche einer langen Straße in Form eines Möbiusbandes vor (Abb. 6.2). Für jemanden, der darauf unterwegs ist, fühlt es sich wie eine gewöhnliche Straße an. Es gibt jedoch einen Pfad auf dieser Straße, der den Wanderer kopfüber zum Ausgangspunkt zurückbringen kann: ein Verwirrung stiftender Pfad. Die Erfahrung mit diesem Pfad sagt uns, dass ein Möbiusband eine einseitige

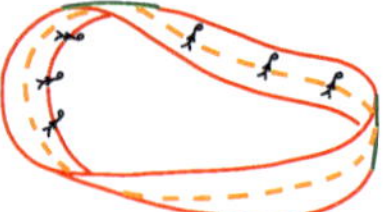

Abb. 6.2 Spaziergang auf dem Möbiusband

Fläche ist. Darüber hinaus ist jede Fläche, die einen solchen verwirrenden Pfad enthält, also ein Möbiusband, eine nicht orientierbare Fläche. Mit anderen Worten: Der Existenz eines Möbiusbandes in einer Fläche entspricht die Nichtorientierbarkeit dieser Fläche.

Die Liste der geschlossenen nicht orientierbaren Flächen beginnt mit der projektiven Ebene, die, wie wir gesehen haben (Kap. 4), durch ein Möbiusband mit einer entlang seiner Grenze zusammengefügten oder verklebten Scheibe dargestellt wird. Die Liste wird dann mit allen verbundenen Summen projektiver Ebenen vervollständigt, wie der Kleinschen Flasche, die die verbundene Summe von zwei projektiven Ebenen ist.

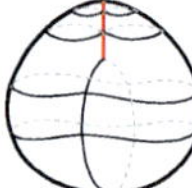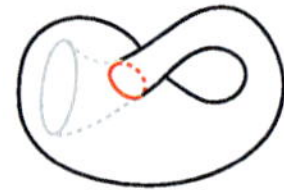

Abb. 6.3 Projektive Ebene und Kleinsche Flasche

Modelle von geschlossenen nicht orientierbaren Flächen im dreidimensionalen Raum können sehr knifflig sein, da keine dieser Flächen im dreidimensionalen Raum eingebettet ist. Der dreidimensionale Raum ist nicht groß genug, um Selbstschnitte zu vermeiden.

Zum Beispiel hat im dreidimensionalen Raum die projektive Ebene ein Modell mit einem Selbstschnitt entlang eines Segments, während ein Modell der Kleinschen Flasche einen Kreis von Selbstschnitten hat (Abb. 6.3).

Im Allgemeinen treten Selbstschnitte entlang von Linien auf, ein Phänomen, das aus der transversalen Schnittmenge von zwei Ebenen resultiert. Es kann auch vorkommen, dass im dreidimensionalen Raum drei Ebenen transversal aufeinandertreffen und einen einzigen gemeinsamen Schnittpunkt haben, einen *Dreifachpunkt*. Ihm entspricht im kubischen Raum eine Ecke.

In Räumen, die eine Dimension darüber liegen, das heißt, in der vierten Dimension, können alle geschlossenen nicht orientierbaren Flächen eingebettet werden, da der Selbstschnitt rückgängig gemacht werden kann.

Dieser Prozess des Rückgängigmachens von Selbstschnitten beim Hinzufügen einer zusätzlichen Dimension zum umgebenden Raum ist recht intuitiv. Betrachten Sie zum Beispiel in einer Ebene (zweidimensionaler Raum) ein Paar von Linien, die sich an einem Punkt schneiden. Der Schnittpunkt bleibt bei kleinen

Änderungen der Position dieser Linien in der Ebene erhalten.
Fügen wir jedoch eine Dimension zur Ebene hinzu, betrachten
wir also die sich schneidenden Linien im dreidimensionalen
Raum, können wir eine von ihnen anheben und die Kreuzung

Abb. 6.4 Anheben

aufheben (Abb. 6.4). Zwei Ebenen, die sich in einem dreidimensionalen Raum entlang einer Linie schneiden, können in der vierten Dimension verschoben werden, um die sich selbst schneidende Linie aufzuheben. Versuchen Sie nicht, das zu sehen, stellen Sie es sich einfach vor!

Auf diese Weise können in hochdimensionalen Räumen geometrische Darstellungen vereinfacht werden. Beispielsweise lassen sich alle geschlossenen
nicht orientierbaren Flächen im vierdimensionalen Raum einbetten und daher
ohne Selbstschnitte darstellen. Während ein Modell der projektiven Ebene im
dreidimensionalen Raum ein sich selbst schneidendes Segment hat, kann im vierdimensionalen Raum jeder Punkt des Selbstschnitts rückgängig gemacht werden.
Wie jede Repräsentation in der vierten Dimension ist auch diese Prozedur schwer
zu visualisieren.

Einige Forscher bezeichnen die Kleinsche Flasche als einseitige Fläche und behaupten, sie habe kein Inneres. Laut
Christopher Zeeman sollten wir aber den Begriff „einseitig"
für die Kleinsche Flasche oder jede andere geschlossene
nicht-orientierbare Fläche vermeiden. Das Möbiusband ist
dagegen einseitig (es ist nicht geschlossen, da es eine Grenze
hat). Zeeman argumentiert mit einem Beispiel in niedrige-
rer Dimension. Dazu betrachten wir eine Achterkurve in
der Ebene (Abb. 6.5). Man könnte über innere oder äußere

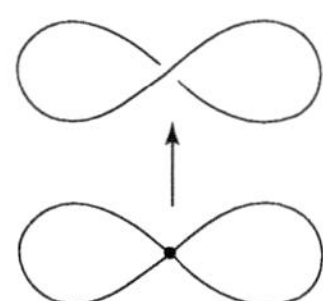

Abb. 6.5 Kreuzung
aufheben

Punkte der Kurve in der Ebene sprechen, aber wenn wir diese Kurve in den dreidimensionalen Raum einbetten und die Kreuzung aufheben, machen die Innen-
und Außenpunkte keinen Sinn mehr. Das Gleiche passiert mit der Kleinschen Flasche. Aufgrund der unvermeidlichen Selbstüberschneidung im dreidimensionalen
Raum *kann eine Ameise nicht von einer Seite zur anderen krabbeln*, sagt Zeeman.
Darüber hinaus kann die Selbstüberschneidung in der vierten Dimension aufgelöst
werden, und wieder sind innen und außen bedeutungslos. Daher schließt Zeeman:
*Die Kleinsche Flasche kann nicht ehrlich als einseitig in drei oder vier Dimen-
sionen bezeichnet werden. Daher bevorzugen wir den Begriff nicht-orientierbar
gegenüber dem Begriff einseitig.*

Aus der topologischen Klassifikation wissen wir, dass alle geschlossenen nicht-
orientierbaren Flächen äquivalent zu verbundenen Summen einer bestimmten Anzahl projektiver Ebenen sind. Wir wissen auch, dass man die verbundene Summe
von zwei Flächen erhält, indem man eine Scheibe von jeder Fläche entfernt und
die durch das Entfernen der Scheiben entstandenen Kanten zusammenfügt. Daher
ist es ausreichend, Modelle der projektiven Ebene im dreidimensionalen Raum zu
erhalten und eine verbundene Summe mit der entsprechenden Anzahl von Kopien
dieser Modelle zu bilden, um Modelle jeder geschlossenen nicht-orientierbaren
Fläche im dreidimensionalen Raum zu erstellen.

Wir erinnern uns daran, dass wir am Ende von Kap. 3 die projektive Ebene als die euklidische Ebene zusammen mit all ihren Punkten im Unendlichen, den Fernpunkten, eingeführt haben. Darüber hinaus haben wir die euklidische Ebene durch eine offene Scheibe dargestellt, also eine Scheibe ohne ihren kreisförmigen Rand. Die Fernpunkte haben wir als zusammengefügte Paare von antipodalen Punkten auf dem kreisförmigen Rand der Scheibe dargestellt.

In Kap. 4 haben wir das Modell der projektiven Ebene erwähnt, das durch das Anfügen einer Scheibe entlang der Grenze eines Möbiusbandes entsteht. Dieser Prozess ist nicht so einfach zu visualisieren. Allerdings können wir wieder zurück gehen, indem wir eine projektive Ebene in diese beiden Teile zerlegen: ein Möbiusband und eine Scheibe.

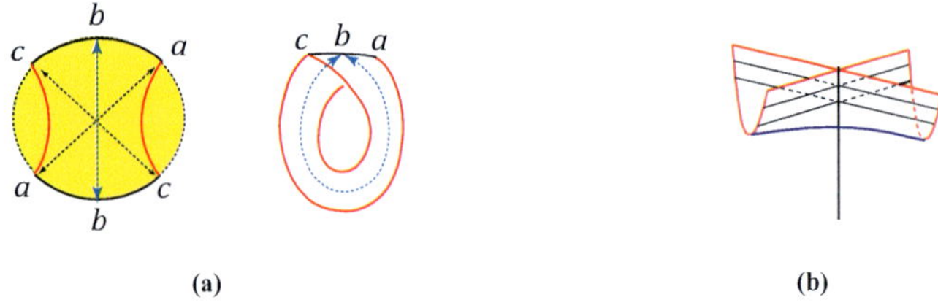

(a)   (b)

Abb. 6.6 (a) Projektive Ebene (b) Whitney-Regenschirm

Fügt man die Antipoden des kreisförmigen Randes der Scheibe aneinander, erscheint ein Möbiusband – und dazu etwas anderes. Tatsächlich wird die Scheibe in drei Teile geteilt: einen zentralen Teil, der dem Möbiusband entspricht, und zwei seitliche Teile (Abb. 6.6a). Das Aneinanderfügen dieser beiden seitlichen Teile entlang des gepunkteten Bogens zwischen den Punkten a und c erzeugt eine Scheibe. Man gewinnt ein Modell der projektiven Ebene aus einem Möbiusband und einer Scheibe, die durch ihre Grenzen bestimmt ist, die Punkt für Punkt zusammengefügt werden. Dieses Zusammenfügen der Grenzen im dreidimensionalen Raum erzeugt Selbstüberschneidungen. Es ist tatsächlich so, dass wir bei einer Reise entlang der Grenze des Möbiusbandes zweimal herumgehen, bis wir zum Ausgangspunkt zurückkehren. Dagegen schließt sich der Weg bei einer Scheibe mit ihrer kreisförmigen Grenze nach einer Umdrehung. Um dieses Problem zu lösen, betten wir das Möbiusband in die vierte Dimension ein und projizieren es so auf den dreidimensionalen Raum, dass die Grenze des Bandes in eine Kurve umgewandelt wird, die sich nach einer Umdrehung schließt. Bei diesem Prozess taucht ein selbstüberschneidendes Segment auf.

Neben Selbstüberschneidungen können Modelle von geschlossenen nichtorientierbaren Flächen im dreidimensionalen Raum eine weitere Unregelmäßigkeit aufweisen: den *singulären Punkt*. Diese Singularität von Flächen wurde 1944 von Hassler Whitney entdeckt [11]. Aufgrund ihrer Form (Abb. 6.6b) wird sie *Whitney-Regenschirm* genannt.

Die Modelle der projektiven Ebene und daher aller geschlossenen nicht-orientierbaren Flächen werden durch das Zusammenfügen von drei Arten von Grundmodulen erstellt: der transversalen Schnittmenge von zwei Ebenen, der transversalen Schnittmenge von drei Ebenen (Dreifachpunkt) und der Whitney-Regenschirme (Abb. 6.7). All diese Teile bestehen aus einem perfekt verformbaren Material, wie es bei der Herstellung von topologischen Modellen üblich ist. Am Ende vervollständigen wir wie bei einem Konstruktionsspielzeug mit Stücken von Ebenen das Modell der geschlossenen Fläche.

Die transversale Schnittmenge von zwei Ebenen bildet eine Linie (Abb. 6.7a). Die Schnittmenge von drei Ebenen, von denen zwei transversal sind, bildet drei Linien, die sich in einem einzigen Schnittpunkt treffen, dem Dreifach-punkt (Abb. 6.7b). Der Regenschirm weist eine selbstüberschneidende Linie mit einem singulären Punkt an einem Ende auf (Abb. 6.7c).

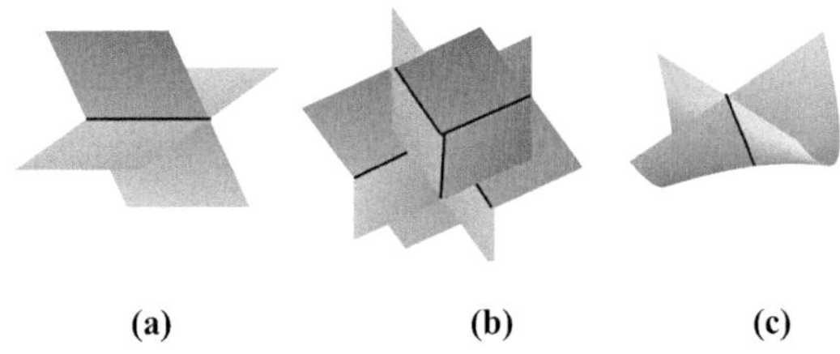

(a)   (b)   (c)

Abb. 6.7 Grundbausteine der Fläche

Bei der Herstellung von Modellen durch Kombination dieser drei Grundmodule werden auch die Selbstüberschneidungen zu einer Kurve, die als Doppelpunktkurve bezeichnet wird. Doppelpunktkurven können eine endliche Anzahl von Dreifach-punkten haben, die, wenn sie Endpunkte sind, singuläre Punkte sind. Die Modelle der projektiven Ebene und der Kleinschen Flasche (Abb. 6.3) haben jeweils ein Segment mit zwei singulären Punkten und einen Kreis als Doppelpunktkurven.

Wir beachten, dass die Grundmodule aus der Doppelpunktkurve und Stü-cken von Ebenen bestehen, die darauf liegen. Im ersten Modul (Abb. 6.7a) gibt es vier Stücke von Ebenen, im zweiten (Abb. 6.7b) zwölf Stücke von Ebenen. Im Regenschirm (Abb. 6.7c) gibt es zwei gekrümmte Stücke von Ebenen, die an das Doppelpunktsegment angehängt sind.

Doppelpunktkurven von Modellen ähneln Skeletten, auf denen Stücke der Ebene ruhen. Eine Doppelpunktkurve mit einem Dreifachpunkt und zwei singulä-ren Endpunkten ist in Abb. 6.8a dargestellt. Zwei Stücke der Ebene sind daran be-festigt, wie in Abb. 6.8b zu sehen ist. Das Modell der Fläche wird mit Stücken der Ebene vervollständigt (Abb. 6.8c) [6].

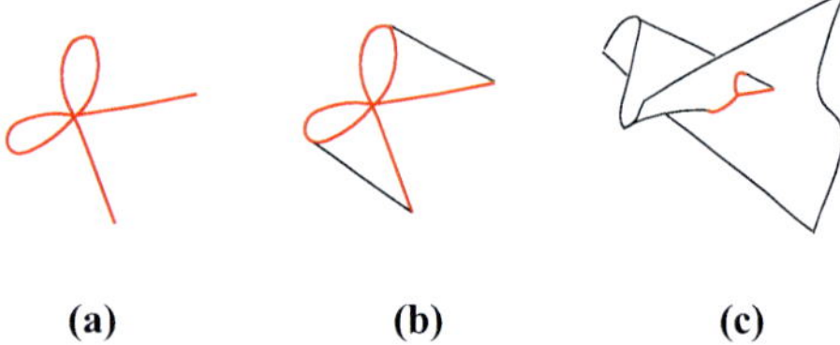

(a)   (b)   (c)

Abb. 6.8 Flächenskelett

Obwohl die Doppelpunktkurve eine große Menge an geometrischen Informationen über die Fläche enthält, bestimmt sie diese nicht ganz. Mit anderen Worten: Es gibt Modelle, die die gleiche Doppelpunktkurve haben, aber topologisch unterschiedliche Flächen im dreidimensionalen Raum repräsentieren.

Wir betrachten beispielsweise zwei Whitney-Regenschirme und verbinden die X-förmigen Teile ihrer Grenzen. Das Ergebnis ist ein Modell, dessen Doppelpunktkurve ein gerades Liniensegment mit zwei singulären Punkten an den Enden ist.

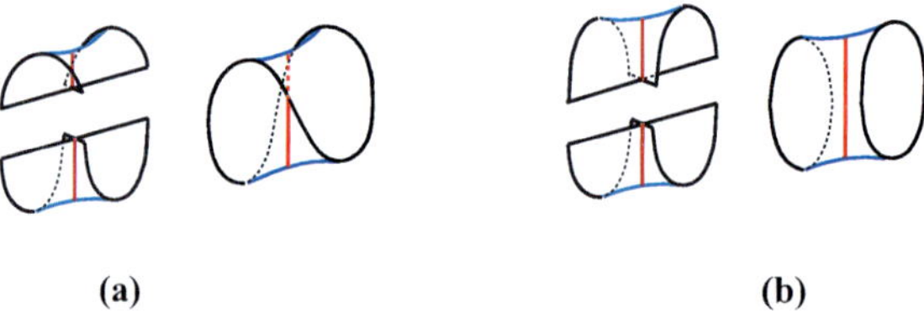

(a)   (b)

Abb. 6.9 Zwei Möglichkeiten, zwei Whitney-Regenschirme zusammenzufügen

Es gibt zwei Möglichkeiten, die X-förmigen Teile zu verbinden, wobei die beiden resultierenden Modelle topologisch unterschiedlich sind, obwohl sie die gleiche Doppelpunktkurve haben. Tatsächlich hat eines der Modelle nun eine Kurve als Grenze (Abb. 6.9a), während das andere zwei hat (Abb. 6.9b). Im ersten Fall schließen wir das Modell mit einem Stück der Ebene, während im zweiten Fall zwei Stücke benötigt werden. Jedes dieser geschlossenen Modelle repräsentiert eine Fläche im dreidimensionalen Raum. Sie sind topologisch nicht äquivalent. Wir werden sehen, dass das erste Modell eine projektive Ebene darstellt, während das zweite eine Kugel darstellt, in der die Punkte des Äquators paarweise zusammengefügt wurden, wodurch das Segment der Doppelpunkte entsteht.

Es kann auch vorkommen, dass die gleiche Fläche durch Modelle dargestellt wird, deren Doppelpunktkurven unterschiedlich sind.

Wir werden im Detail drei klassische Darstellungen der projektiven Ebene im dreidimensionalen Raum beschreiben, die als *Kugel mit einer Kreuzkappe* (Abb. 6.10a), *Steinersche Römische Fläche* (Abb. 6.10b) und *Boy-Fläche* (Abb. 6.10c) bezeichnet werden.

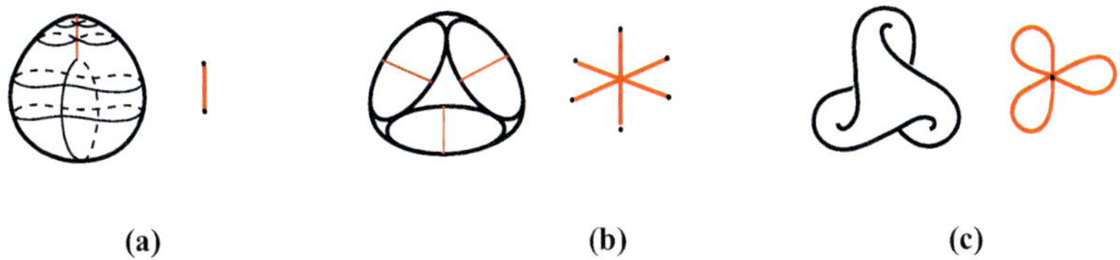

Abb. 6.10 (**a**) Kugel mit einer Kreuzkappe (**b**) Steinersche Römische Fläche (**c**) Boy-Fläche

Die Doppelpunktkurven dieser Modelle der projektiven Ebene bestehen jeweils aus einem Segment mit zwei singulären Punkten an den Enden, drei kollinearen Segmenten, die sich in einem Dreifachpunkt treffen und sechs singuläre Punkte an den Enden haben, und einer Rosenkurve, die aus drei nicht kollinearen Blütenblättern besteht, die sich in einem Dreifachpunkt treffen.

Die vierte Dimension wird notwendig sein, um die ersten beiden Modelle zu verstehen, während die Boy-Fläche sogar eine fünfte Dimension benötigt, um vollständig verstanden zu werden.

6.2 Die Kugel mit einer Kreuzkappe

Die Kugel mit einer Kreuzkappe ist die dreidimensionale Darstellung der projektiven Ebene, die man durch das Zusammenkleben der Grenze einer Scheibe mit der Grenze eines Möbiusbandes erhält. Um dies zu tun, werden wir die Grenze des Bandes in eine Kurve verwandeln, die sich nach einer Umdrehung schließt.

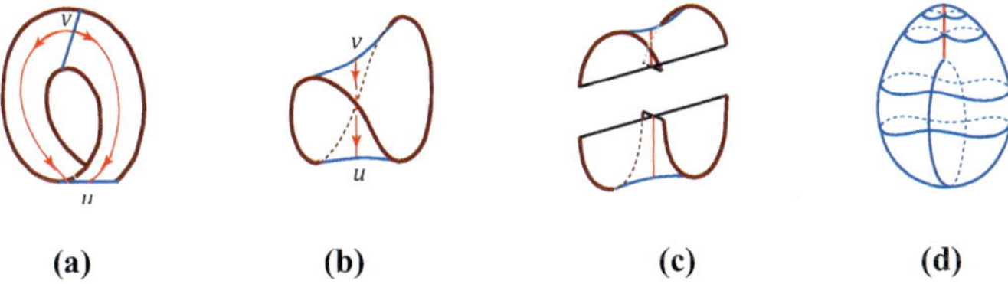

Abb. 6.11 Herstellung einer Kugel mit einer Kreuzkappe

Wir betrachten nun die geschlossene zentrale Kurve des Möbiusbandes, die als die *Seele* des Bandes bezeichnet wird, und wählen zwei diametral gegenüberliegende Punkte *u* und *v* der Seele. Dann verbinden wir die Punkte der Seele, die von *u* und daher von *v* gleich weit entfernt sind (Abb. 6.11a). Damit wird die Seele in ein Segment mit den Endpunkten *u* und *v* verwandelt, während das Möbiusband zu einer Fläche namens Plücker-Konoid (Abb. 6.11b) umgewandelt wird, das nach dem deutschen Mathematiker Julius Plücker (1801–1868) benannt ist, dem Doktorvater von Felix Klein. Das Konoid ist eine der beiden Flächen, die wir erhalten haben, als wir zwei Whitney-Regenschirme über den X-förmigen Teil ihrer Grenzen zusammengefügt haben (Abb. 6.11c). Die Grenze des Plücker-Konoids schließt sich nach einer Umdrehung und ist daher bereit, an die Grenze einer Scheibe gefügt zu werden. Das Ergebnis dieser Zusammenfügung ist die Kugel mit einer Kreuzkappe (Abb. 6.11d), und die beiden Endpunkte des sich selbst schneidenden Segments sind singuläre Punkte.

Die Identifizierung der Seelenpunkte, die zum sich selbst schneidenden Segment führte, findet in der vierten Dimension statt. Dazu werden wir das Möbiusband in den vierdimensionalen Raum einbetten, sodass seine Seele in einer Ebene enthalten ist, die auf eine Gerade im dreidimensionalen Raum projiziert wird. So erfolgt die Zusammenfügung von Punkten, die von u und v gleich weit entfernt sind: Die kreisförmige Seele wird auf ein Segment projiziert, das u und v als Endpunkte hat.

Wir werden diesen Prozess mit nur einer Hälfte des Möbiusbandes veranschaulichen, die in einen Hyperwürfel eingebettet ist, der einen vierdimensionalen Ort begrenzt. Der Hyperwürfel wird auf einen Würfel projiziert, und die Hälfte der Seele wird auf ein Segment mit einem singulären Punkt an einem Ende projiziert.

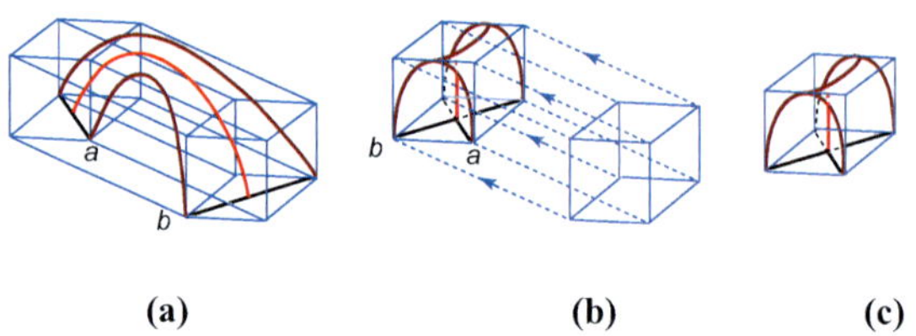

Abb. 6.12 Projektion der Hälfte eines Möbiusbandes von 4D nach 3D

So wird die Hälfte des Bandes, das in den vierdimensionalen Raum eingebettet ist, auf einen Whitney-Regenschirm im dreidimensionalen Raum projiziert. Der singuläre Punkt ist genau der Punkt, an dem die Seele tangential zur Projektionsrichtung ist. Jeder der anderen Punkte auf dem sich selbst schneidenden Segment entspricht zwei Punkten der Seele im vierdimensionalen Raum.

In Abb. 6.12a sehen wir die Hälfte des Möbiusbandes, das passend in den Hyperwürfel eingebettet ist, also einen vierdimensionalen Ort. Das Band ist so verdreht, dass nur ein Punkt des Bandes tangential zur Projektionsrichtung vom Hyperwürfel zum Würfel ist. Abb. 6.12b zeigt die Projektion in den dreidimensionalen Raum, und Abb. 6.12c zeigt den resultierenden Whitney-Regenschirm.

Neben der überzeugenden geometrischen Darstellung wird die Existenz von zwei Tangentenpunkten bei der Projektion des Möbiusbandes von der vierten in die dritte Dimension durch einen speziellen Fall eines Ergebnisses garantiert, das als die Whitney-Vermutung bekannt ist, die von William Massey (1920–2017) [7] nachgewiesen wurde.

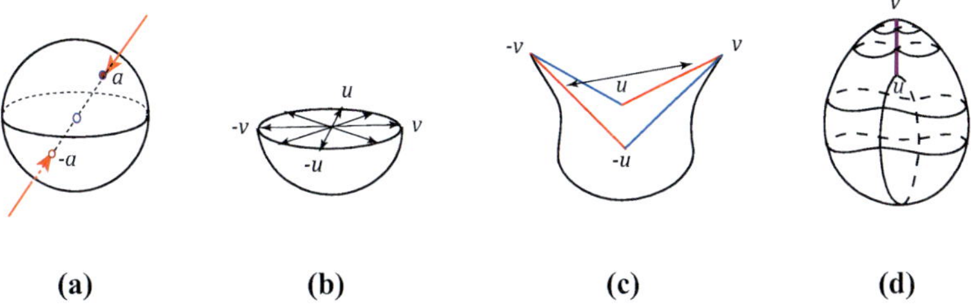

(a)   (b)   (c)   (d)

Abb. 6.13 Zusammenfügung antipodaler Punkte einer Kugel

Eine andere Möglichkeit, die Kugel mit einem Kreuzkappe zu erhalten, besteht darin, die Paare antipodaler Punkten auf einer Kugel zusammenzufügen (Abb. 6.13a). Die antipodalen Punkte erhält man als Schnittpunkt der Kugel mit den Geraden, die durch ihr Zentrum verlaufen.

Um diese Paare von Punkten zusammenzufügen, teilen wir die Kugel in zwei Hemisphären und behalten den für beide gemeinsamen Kreis (Äquator). Nach einer Reflexion der oberen Hemisphäre relativ zum Äquator, gefolgt von einer 180°-Drehung, erhalten wir die Zusammenfügung aller antipodalen Punkte auf der Kugel, bezeichnet durch a und $-a$, mit Ausnahme der Punkte auf dem Äquator, die behalten wurden. Als nächstes fügen wir alle antipodalen Punkte des Äquators zusammen, die durch u, $-u$, v, $-v$ und so weiter bezeichnet sind (Abb. 6.13b). Diese Zusammenfügung entspricht der Zusammenfügung der Kanten der Extremitäten u, v mit $-u$, $-v$ und $-u$, v mit u, $-v$ (Abb. 6.13c). Bei dieser Zusammenfügung entstehen ein sich selbst schneidendes Segment und zwei singuläre Punkte an den Enden dieses Segments, die beide Whitney-Regenschirme sind.

Die Kugel mit einer Kreuzkappe ist ein Modell der projektiven Ebene im dreidimensionalen Raum, und somit kann jede geschlossene nicht-orientierbare Fläche im dreidimensionalen Raum als verbundene Summe von Kopien davon dargestellt werden.

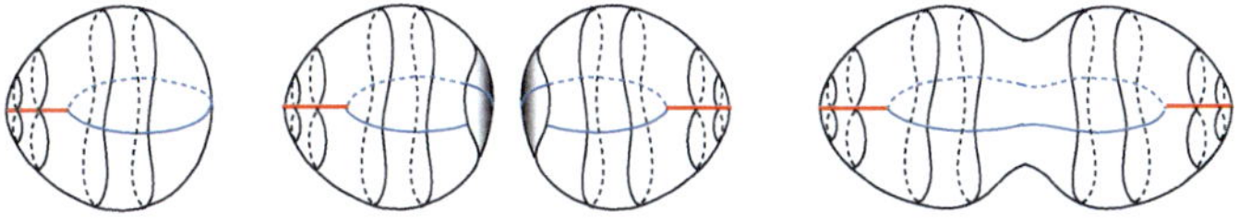

Abb. 6.14 Verbundene Summe zweier Kugeln mit einer Kreuzkappe

Die Kleinsche Flasche ist die verbundene Summe zweier projektiver Ebenen, $K^2 = P^2 \# P^2$. Daher erhalten wir mit zwei Kopien der Kugel mit einer Kreuzkappe ein Modell der Kleinschen Flasche im dreidimensionalen Raum (Abb. 6.14). Im Gegensatz zum traditionellen Modell der Kleinschen Flasche, das einen sich selbst schneidenden Kreis hat, hat dieses Modell zwei sich selbst schneidende Segmente und vier singuläre Punkte.

6.3 Die Steinersche Römische Fläche

Der Schweizer Mathematiker Jakob Steiner (1796–1863), bekannt für seine Beiträge zur Geometrie, erstellte einmal während eines Urlaubs in Rom ein Modell der projektiven Ebene, das er *Römische Fläche* nannte.

Abb. 6.15 Römische Fläche

Ähnlich wie die Kugel mit einer Kreuzkappe wird auch diese Darstellung der projektiven Ebene im dreidimensionalen Raum aus einem Möbiusband gewonnen. Allerdings werden zusätzlich zu den gleich weit entfernten Punkten der Seele, wie sie gemacht wurden, um die Kugel mit einer Kreuzkappe zu erhalten, zwei andere Kurven auf die gleiche Weise mit Punkte gleich weit entfernt von zwei ausgewählten Punkten zusammengefügt. Diese anderen beiden Kurven sind, ähnlich wie die Seele des Möbiusbandes, verwirrende Pfade. Die drei ausgewählten Kurven müssen sich an drei Punkten schneiden (Abb. 6.15).

Jeder der verwirrenden Pfade führt nach der Zusammenfügung der gleich weit entfernten Punkte zu einem Plücker-Konoid. Jedes Konoid hat ein sich selbst schneidendes Segment mit zwei singulären Punkten an den Enden, die zu ausgewählten Punkte werden, um sich mit den gleich weit entfernten zusammenzufügen. Nach der Zusammenfügung wird an jedem der beiden ausgewählten Punkte ein Whitney-Regenschirm erscheinen.

Wählt man die Punkte richtig aus, die die gleich weit entfernten Zusammenfügungen definieren, werden sich die drei Segmente der drei Konoiden in einem Dreifachpunkt schneiden.

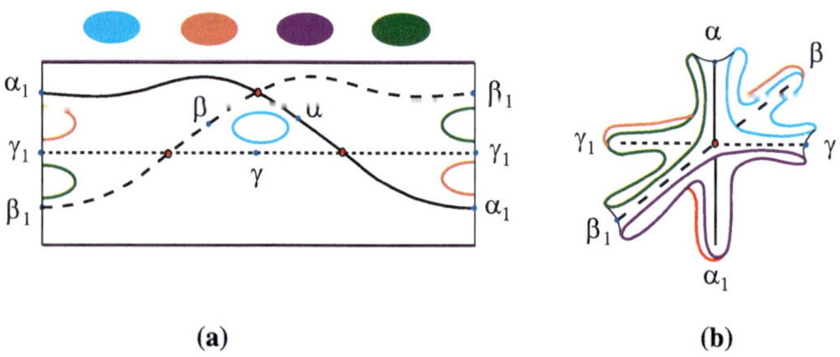

(a)								(b)

Abb. 6.16 Drei Konoiden

Das Ergebnis ist Steiners wunderschöne Römische Fläche, die einen Dreifachpunkt und sechs Whitney-Regenschirme aufweist.

Um zu sehen, wie dies geschieht, stellen wir das Möbiusband durch sein Fundamentalpolygon dar und zeichnen darauf die drei verwirrenden Pfade (Abb. 6.16a).

Wir wählen die Punkte α, β und γ, sowie ihre jeweiligen Antipoden α_1, β_1 und γ_1. Um die Betrachtung zu erleichtern, haben wir drei Scheiben aus dem Möbiusband entfernt, die am Ende der Konstruktion wieder eingefügt werden.

Die Zusammenfügung der gleich weit entfernten Punkte auf jedem der drei verwirrenden Pfade von α zu α_1, von β zu β_1 und von γ zu γ_1 ergibt eine Komposition von drei Plücker-Konoiden, deren sich selbst schneidenden Segmente sich in einem Dreifachpunkt schneiden.

Unsere Darstellung dieses Verfahrens (Abb. 6.16b) ist die Kopie einer Zeichnung, die mein Kollege, Professor J. Scott Carter, angefertigt hat. Sie findet sich in seinem interessanten Buch über Flächentopologie [3].

Schließlich fügen wir die drei Scheiben, die ursprünglich entfernt wurden, und eine weitere Scheibe entlang der ursprünglichen Grenze des Möbiusbandes an. Das Ergebnis ist ein Modell der Römischen Fläche mit ihrem Dreifachpunkt und sechs singulären Punkten.

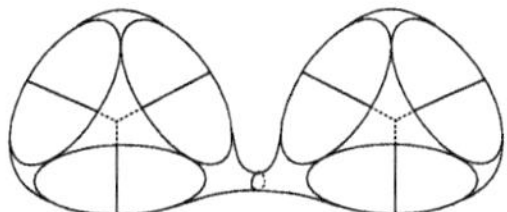

Abb. 6.17 Verbundene Summe von zwei Römischen Flächen

Mit zwei Kopien des Modells der Römischen Fläche erhalten wir über die verbundene Summe ein weiteres Modell der Kleinschen Flasche (Abb. 6.17). In diesem Fall wird das Modell zwei Dreifachpunkte und zwölf singuläre Punkte aufweisen.

6.4   Die Boy-Fläche

Die beiden diskutierten Modelle der projektiven Ebene im dreidimensionalen Raum, nämlich die Kugel mit einer Kreuzkappe und die Steinersche Römische Fläche, haben beide singuläre Punkte. Diese Modelle mit transversalen Selbstschnittpunkten entlang von Linien und einer endlichen Anzahl von Dreifachpunkten und Whitney-Regenschirmen werden Whitney folgend [11] als *semi-reguläre* Modelle bezeichnet.

In diesem Abschnitt werden wir ein weiteres Modell der projektiven Ebene im dreidimensionalen Raum vorstellen, die Boy-Fläche, die nach dem deutschen Mathematiker Werner Boy (1879–1914) benannt ist, einem Doktoranden von David Hilbert an der Universität Göttingen.

In seiner Dissertation von 1901 stellte Boy ein Modell der projektiven Ebene im dreidimensionalen Raum ohne singuläre Punkte mit nur einem einzigen Dreifachpunkt vor. So wie wir den Begriff Einbettung für Modelle ohne Selbstschnitt verwenden, verwenden wir den Begriff *Immersion* für Modelle mit transversalem Selbstschnitt, aber ohne singuläre Punkte. Damit ist die Boy-Fläche eine Immersion der projektiven Ebene im dreidimensionalen Raum.

François Apéry fand eine Parametrisierung und auch eine algebraische Gleichung sechsten Grades für die Boy-Fläche [1].

Angeblich schlug Hilbert Boy vor, er solle beweisen, dass jede Darstellung der projektiven Ebene im dreidimensionalen Raum mindestens zwei singuläre Punkte hat. Die Boy-Fläche ist jedoch ein Gegenbeispiel zu Hilberts Vermutung.

Im Vorwort von Apérys Buch über die Modelle projektiver Ebenen schrieb Egbert Brieskorn (1936–2013): [1, S. VII] ...*der berühmte Mathematiker David Hilbert hatte sich geirrt.*

Wie konnte es sein, dass ein so brillanter Mathematiker wie David Hilbert eine Vermutung aufstellte, die sein Student zunichtemachte?

In Abschn. 6.2 musste bei der Konstruktion der Kugel mit einer Kreuzkappe jede Projektion einer Einbettung des Möbiusbandes von der vierten in die dritte Dimension mindestens zwei Tangentialpunkte haben (Abb. 6.12a), die in dem Modell im dreidimensionalen Raum zu singulären Punkten werden. Dies könnte vielleicht zu der Annahme verleiten, dass mindestens zwei singuläre Punkte in jeder Darstellung der projektiven Ebene im dreidimensionalen Raum auftreten werden. Tatsächlich ist dies korrekt, wenn wir uns auf Projektionen der projektiven Ebene von der vierten in die dritte Dimension beschränken. Da die projektive Ebene ein Möbiusband enthält, müssen in einer solchen Projektion mindestens zwei singuläre Punkte auftreten.

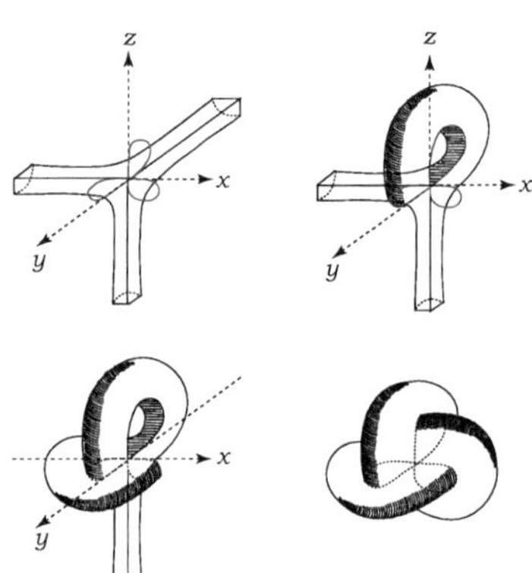

Abb. 6.18 Boy-Modelle

Boy gelang es also, alle möglichen Tangentialpunkte zu vermeiden, indem er das Möbiusband in einen fünfdimensionalen Raum einbettete und es von dieser Dimension auf den dreidimensionalen Raum projizierte. Im Raum der Dimension größer als vier fand Boy Möglichkeiten, um das Möbiusband zu biegen und zu verdrehen und eine Projektion zu wählen, die Tangentialpunkte vermied, die zwangsläufig in den Projektionen des Möbiusbandes von der vierten in die dritte Dimension auftreten.

Boys Artikel von 1904 in den *Mathematischen Annalen* [2] ist die einzige von ihm veröffentlichte Arbeit. Sie enthält detaillierte Zeichnungen der Flächenkonstruktion (Abb. 6.18). Boy kam im Ersten Weltkrieg im September 1914 in Frankreich um.

Abb. 6.19 zeigt eine Sequenz von Bildern einer Deformation eines Möbiusbandes, die einen Dreifachpunkt erzeugt und die Grenze in einen Kreis verwandelt.

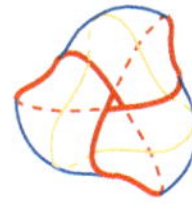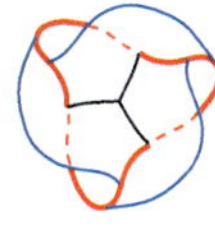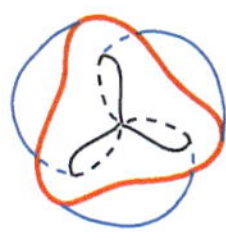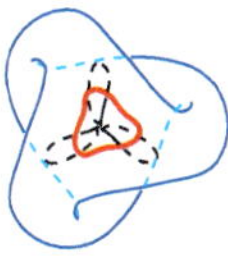

Abb. 6.19 Verformung eines Möbiusbandes zu einer Boy-Fläche mit einem Loch

Die verbundene Summe von zwei Kopien der Boy-Fläche liefert ein weiteres Modell für die Kleinsche Flasche (Abb. 6.20). In diesem Fall hat das Modell zwei Dreifachpunkte und keine singulären Punkte.

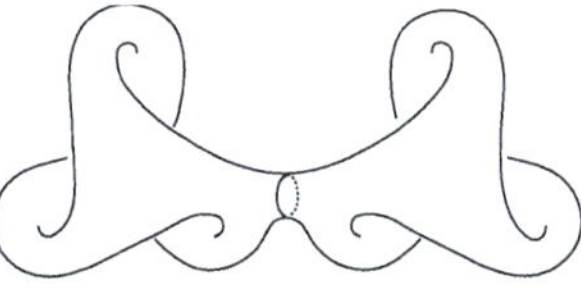

Abb. 6.20 Verbundene Summe von zwei Boy-Flächen

6.5   Nicht orientierbare Flächen in anderen Bereichen

Spezialisten in so unterschiedlichen Wissensgebieten wie Psychoanalyse und Architektur wurden von der Innen-Außen-Suche angezogen, die mit nicht orientierbaren Flächen verbunden ist.

Der Psychoanalytiker Jacques Lacan (1901–1981) suchte in der Topologie nicht eine Sprache, sondern eher Bilder oder Metaphern für das Reale (außen) und das Imaginäre (innen). Lacan beschreibt bestimmte Eigenschaften der Kreuzkappe, die von einigen Psychoanalytikern sehr bewundert wurden, aber den Topologen völlig unbekannt sind.

Die Kreuzkappe, oder genauer gesagt, die projektive Ebene, kann das Subjekt des Begehrens in Beziehung zum verlorenen Objekt darstellen. Eine doppelte Schleife, die auf ihrer Fläche gezeichnet wird, teilt diese einseitige Fläche tatsächlich in zwei heterogene Teile: ein Möbiusband, das das Subjekt darstellt, und eine Scheibe, die das Objekt a, die Ursache des Begehrens, darstellt. Die Scheibe ist auf einen Punkt zentriert, der mit der unverminderten Einzigartigkeit dieser Fläche in Verbindung steht, die Lacan mit dem Phallus identifizierte [5].

(a)　　　　　　(b)

Abb. 6.21 (**a**) Möbiusgebäude von Carlo Séquin (**b**) Rem Koolhaas

Einige Architekten haben Gebäude entworfen, die nicht orientierbare Flächen als Modell verwenden. Peter Eisenmans Max-Reinhardt-Hausprojekt von 1992 (nicht gebaut) basierte auf dem Möbiusband [4].

Ben van Berkels Möbiushaus [10], das zwischen 1993 und 1998 in Het Gooi in der Nähe von Amsterdam gebaut wurde, ist ebenfalls von dem nicht orientierbaren Möbiusband inspiriert.

Die Entwürfe von Carlo Séquin, Professor für Computerwissenschaft in Berkeley, sind viel einfacher. Er erstellte Modelle von Gebäuden, die tatsächlich auf dem Möbiusband basierten (Abb. 6.21a) [8]. Im Jahr 2012 haben die Architekten Rem Koolhaas, Cecil Balmond und Ole Scheeren beim Bau des China Central Television Headquarters in Peking, Carlo Séquins Möbiusband nachempfunden (Abb. 6.21b).

Mehr über die Beziehung zwischen Topologie und Architektur findet sich in der inspirierenden Arbeit von David Sperling [9].

Literatur

1. Apéry, François; *Models of the Real Projective Plane*, Vieweg Verlag 1987.
2. Boy, Werner; *Über die Curvatura integra und die Topologie geschlossener Flächen*, Mathematische Annalen 57, 151–184 (1903)
3. Carter, J. Scott; *How surfaces intersect in space*, World Scientific, 2. Aufl. 1995.
4. Eisenman, Peter; *The Max Reinhardt Haus*, https://eisenmanarchitects.com/The-Max-Reinhardt-Haus-1992
5. Lacan, Jacques; https://nosubject.com/Cross-cap
6. Marar, W. und Mond, D.; *Cover image of the Notices of AMS 44 (3)*, rendering by Thomas Banchoff und Davide Cervone, March 1997. https://www.ams.org/journals/notices/199703/199703FullIssue.pdf?cat=fullissue&trk=fullissue199703
7. Massey, William; *Proof of a conjecture of Whitney*, Pacific Journal of Mathematics 31 (1969).
8. Séquin, Carlo; -*To Build a Twisted Bridge* -, in Bridges, ed. Reza Sarhangi, 23–34 (2000). https://archive.bridgesmathart.org/2000/bridges2000-23.html
9. Sperling, David; *Arquiteturas contínuas e topologia: similaridades em processo*, University of São Paulo Master's dissertation 2003. https://teses.usp.br/teses/disponiveis/18/18131/tde-28032006-155803/en.php
10. Van Berkel, Ben; *Möbius House* (1997), https://en.wikiarquitectura.com/building/moebius-house/
11. Whitney, Hassler; *The singularities of a smooth n-manifold in (2n-1)-space*, Annals of Mathematics 45, 247–293 (1944).

Kapitel 7
Hyperflächen

7.1 Von Flächen zu Hyperflächen

Geometrische Objekte gehören zur platonischen Welt der Ideen, aber die Objekte um uns herum können dazu verwendet werden, dreidimensionale geometrische Objekte darzustellen, wenn auch nicht alle. Objekte in unserer physischen Welt haben eine Grenze, die genau das ausmacht, was wir sehen oder berühren können: ihre Fläche beziehungsweise Oberfläche. Für dreidimensionale Objekte, die endlich groß sind und keine Grenze haben, gibt es keine Objekte in der Natur, die sie darstellen können. Tatsächlich erfordern diese Objekte mindestens eine vierdimensionale Umgebung, um eingebettet zu werden, womit sie unsere Fähigkeit zur Visualisierung überschreiten. Wir werden ein solches Objekt eine *Hyperfläche* nennen, obwohl der Begriff üblicherweise verwendet wird, um n-dimensionale Objekte in einer $(n+1)$-dimensionalen Umgebung zu bezeichnen.

Es gibt einige Hyperflächen, die einfache Verallgemeinerungen von geschlossenen Flächen sind. Bei ihnen ist es nicht schwer, sie sich vorzustellen. Der Hyperwürfel ist zum Beispiel das dreidimensionale Analogon des Würfels. Während die Würfelflächen sechs massive Quadrate sind, ist der Hyperwürfel eine geeignete Zusammensetzung aus acht massiven Würfeln.

Entsprechend sind Hyperpolyeder, die auch Polytope genannt werden, die dreidimensionalen Verallgemeinerungen von Polyedern. Wie der Würfel haben auch die anderen vier platonischen Körper dreidimensionale Analogien: Sie sind regelmäßige Hyperpolyeder und gehören zu den einfachsten Hyperflächen – zusammen mit der Hypersphäre S^3, die die dreidimensionale Verallgemeinerung der Sphäre S^2 ist, und dem 3-Torus T^3, der das dreidimensionale Analogon des Torus T^2 ist.

Spekulationen über die Form unseres Universums haben das Interesse der Astrophysiker an Hyperflächen geweckt. Einstein war einer von denen, die glaubten, dass das Verständnis der geometrischen Struktur unseres weiten und unbekannten Universums durch das Wissen über Hyperflächen erleichtert werden

© Der/die Autor(en), exklusiv lizenziert an Springer Nature Switzerland AG 2024
T. Marar, *Eine spielerische Reise in die geometrische Topologie*,
https://doi.org/10.1007/978-3-031-56105-4_7

könnte. Die Form des Universums zu erkennen, ist der Anfang des Weges, es vollkommen zu verstehen.

Wir können Hyperflächen durch Techniken kennenlernen, die denen ähnlich sind, die verwendet werden, um niedrigdimensionale Räume zu verstehen, wie sie beispielsweise bei der Beschreibung der zweidimensionalen Welt von Pac-Man vorkommen (Abb. 7.1).

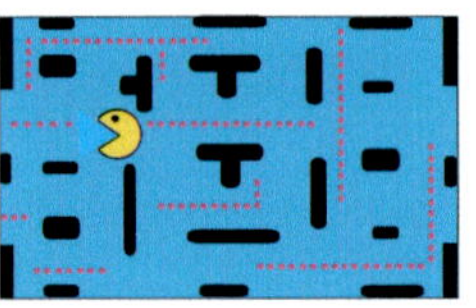
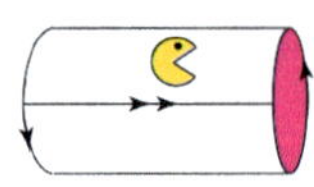

Abb. 7.1 Die Welt von Pac-Man

Die Gestalten in Pac-Man sind unermüdliche Entdecker. Sie haben uns relevante physische Informationen geliefert, mit denen wir ein Fundamentalpolygon ihrer zweidimensionalen Welt erstellt und dessen torische Form abgeleitet haben. Zu beachten ist, dass das Universum Pac-Mans unsere dreidimensionale Welt in zwei Regionen unterteilt, eine Innen- und eine Außenwelt, zu denen die Gestalten keinen Zugang haben.

Es gibt weitere überraschende Phänomene auf einem Torus. So treten bei der Konfrontation mit einem Modell des Torus im dreidimensionalen Raum, einer Situation, die es uns ermöglicht, die Fläche aus allen Winkeln zu beobachten, bestimmte unerwartete geometrische Tatsachen auf. Zum Beispiel gibt es in der Torus-Welt einige Pfade, in denen Pac-Man immer in die gleiche Richtung geht und zum Ausgangspunkt zurückkehrt. Es gibt aber auch viele andere Pfade, die ihn nie zum Ausgangspunkt zurückbringen werden, obwohl er auch in ihnen immer vorwärts geht. Zu ähnlichen Schlussfolgerungen kommt man, wenn man den Weg der Lichtstrahlen in einem torischen Raum betrachtet.

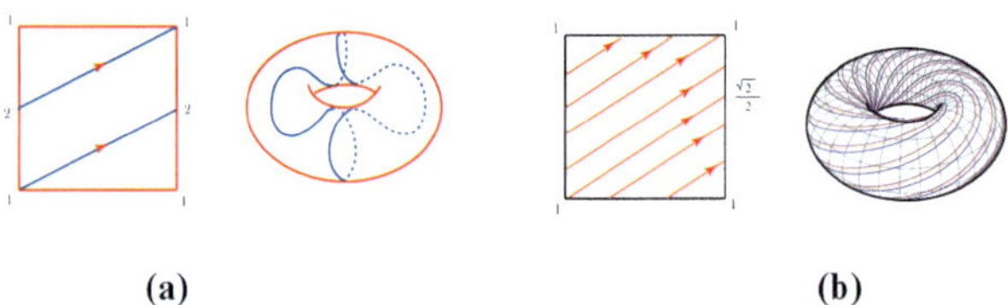

(a)   **(b)**

Abb. 7.2 Trajektorien auf einem Torus

Die Kurve auf dem Torus, deren Darstellung unter Verwendung ihres quadratischen Fundamentalpolygons aus geraden Segmenten mit einer Neigung von 1/2 in Bezug zur Horizontalen besteht (Abb. 7.2a), ist geschlossen und zweimal gewickelt. Daher kehrt man, wenn man sich entlang dieser Kurve bewegt, nach einiger Zeit zum Ausgangspunkt zurück. Dies ist nicht der Fall, wenn die Neigung gegenüber der Horizontalen eine irrationale Zahl ist, z. B. $\sqrt{2}/2$ (Abb. 7.2b). Alle Linien mit irrationaler Neigung können unendlich oft um den Torus gewickelt werden, ohne sich jemals zu schließen.

Eine Welt, in der man geradeaus reisen, aber nie zum Ausgangspunkt zurückkehren kann, könnte zu dem falschen Schluss führen, dass es sich um eine unbegrenzte Welt handelt.

Darüber hinaus sind bestimmte Schnitte eines Torus mit einer Reihe von parallelen Ebenen überraschend, die in einer Reihe von Kurven resultieren. Diese Reihe von Kurven, eine in jeder der parallelen Ebenen, wird *Tomographie* (griech. *tomos* = Scheibe). Die Tomographie ist in der Medizin weit verbreitet. Sie dient der Rekonstruktion von Flächen mit Scheiben, die durch Sätze von parallelen Ebenen in verschiedenen Richtungen erhalten wurden.

Wie in Kap. 4 zu sehen war, hilft die topologische Klassifikation geschlossener Flächen, die Form der tomographierten Fläche zu finden, da die aus verschiedenen Richtungen erhaltenen Scheiben die möglichen Formen in der Liste aller geschlossenen Flächen reduzieren. Zum Beispiel ist bei der Sphäre S^2 jede Schnittstelle mit einer Ebene ein Kreis. Daher ist jede Tomographie der Sphäre ein Satz von Kreisen mit unterschiedlichen Radien, unabhängig von der Richtung der parallelen Ebenen. Ganz anders sieht die Tomographie des Torus aus: Sie liefert eine Vielzahl von Kurvensätzen für verschiedene Richtungen der Sätze paralleler Ebenen.

Wir stellen uns nun einen Torus auf einer horizontalen Ebene vor. Die Schnitte durch Ebenen senkrecht zur Grundebene liefern verschiedene Arten von Kurven, darunter eine in Form der Zahl 8, genannt *Lemniskate* (Abb. 7.3). Schnitte durch schiefe Ebenen können uns mit zwei sich kreuzenden Kreisen überraschen, den sogenannten Villarceau-Kreisen, zu Ehren des französischen Astronomen Yvon Villarceau (1813–1883).

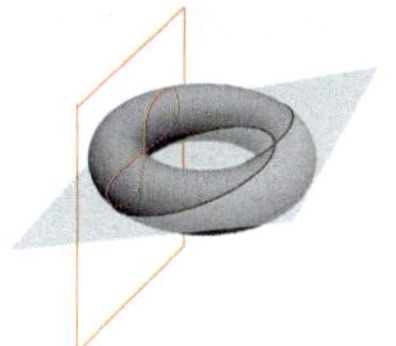

Abb. 7.3 Schnitte eines Torus

Die Anpassung der Tomographie an höherdimensionale Räume kann uns helfen, einige Hyperflächen zu verstehen. Während im Fall von Flächen (zweidimensionale Objekte) die Scheiben Kurven (eindimensionale Objekte) in parallelen Ebenen sind, sind im Fall von Hyperflächen (dreidimensionale Objekte) die Scheiben Flächen, die durch das Schneiden durch dreidimensionale parallele Räume erhalten werden.

Es ist zu beachten, dass es genauso wie es parallele Geraden in Ebenen und parallele Ebenen im dreidimensionalen Raum gibt, in der vierten Dimension dreidimensionale parallele Räume gibt.

Die dreidimensionale Tomographie zum Verständnis von Hypersurface-Formen wird auch in naher Zukunft von der topologischen Klassifizierung geschlossener dreidimensionaler Objekte profitieren, die bis heute noch nicht abgeschlossen ist.

Die Technik, die in Kap. 5 zur Entfaltung des Würfels zum Würfelnetz (Abb. 5.14) verwendet und angepasst wurde, um den offenen Hyperwürfel (Abb. 5.17) zu erstellen, kann verwendet werden, um zu dreidimensionalen Modellen anderer Hyperflächen zu kommen.

Tatsächlich erhalten wir im Prozess der topologischen Klassifizierung geschlossener Flächen für jede von ihnen Fundamentalpolygone. Wir erzeugen durch Schnitte ebene polygonale Regionen mit einer geraden Anzahl von Kanten, zwei für jeden Schnitt. Ähnlich können bestimmte Hyperflächen im dreidimensionalen Raum durch polyedrische Festkörper mit einer geraden Anzahl von Flächen dargestellt werden, zwei für jeden Schnitt. Als Ergebnis können dreidimensionale Darstellungen von Hyperflächen ein vereinfachtes geometrisches Verständnis dieser Objekte bieten.

Neben einer leistungsstarken Technik zum Verständnis der Form von Flächen können Fundamentalpolygone manipuliert werden, wenn das Paar von Kanten zusammengefügt wird. Die Rekonstruktion führt zu einer anderen Fläche, die sich von der ursprünglichen unterscheidet. Zum Beispiel erhalten wir nach der Zusammenfügung nicht einen Zylinder, sondern ein Möbiusband (Abb. 7.4), wenn wir die vertikalen Kanten der flachen Welt von Pac-Man zusammenfügen, indem wir eine der Kanten um eine halbe Umdrehung (180°) drehen.

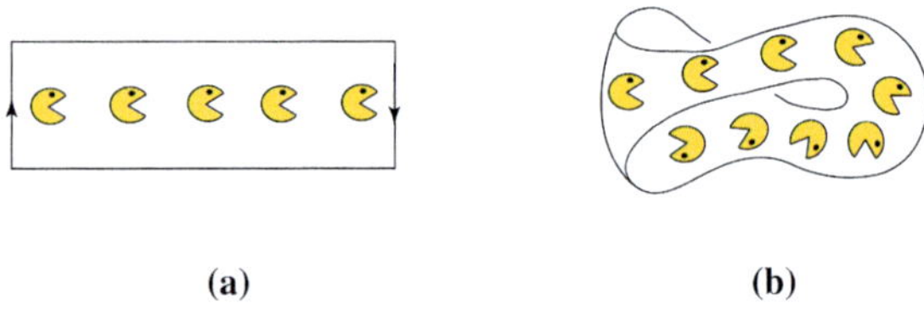

(a)   (b)

Abb. 7.4 Pac-Man auf einem Möbiusband

Die Bewohner einer flachen Welt in Form eines Möbiusbandes können geradeaus reisen, den Rand vermeiden und zu ihrem Ausgangspunkt zurückkehren. Wenn jedoch, wie in Kap. 6 gesehen, der Weg über einen jener verwirrenden Pfade führt, wird der Reisende kopfüber zurückkehren, oder besser gesagt, als ob er in einen Spiegel eingetreten wäre, da seine Welt zweidimensional ist (Abb. 7.5).

Diese Transformation, die entlang des Möbiusbandes stattfindet, könnte auf der Fläche eines Zylinders nicht durchgeführt werden. Damit ein Bewohner der zylindrischen zweidimensionalen Welt zu seinem Spiegelbild wird, benötigt er einen dreidimensionalen Raum, in dem er gedreht wird. Dreidimensionale Modelle von Hyperflächen können auch manipuliert werden, um Darstellungen von Hyperflächen zu erhalten, die sich von der ursprünglichen unterscheiden.

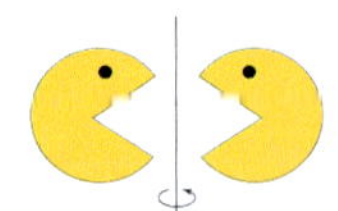

Abb. 7.5 Spiegelbild

7.2 Über die Form des Universums

Unsere Erfahrungen im Universum legen nahe, dass es dreidimensional ist. Aber wie würde die Form dieses dreidimensionalen Universums aussehen? Wäre es endlich oder unendlich groß? Diese Debatte gibt es schon lange, und sie ist längst noch nicht abgeschlossen. Das ist sehr gut, denn in der Mathematik wie in der Philosophie ist, wie uns Woody Allen lehrt, eine gute Frage wichtiger als eine gute Antwort!

Der griechische Philosoph Archytas (428 v. Chr.–347 v. Chr.) war einer der ersten, der etwas über dieses Problem schrieb. Ihm zufolge muss das Universum unendlich sein, denn sonst könnten wir, wenn wir das Ende der Welt erreichen, einen Arm ausstrecken, und die Welt müsste unendlich erweitert werden.

Abb. 7.6 Flammarion 1888

In seinem 1888 erschienenen Werk *L'atmosphère: météorologie populaire* (dt. *Das Reich der Luft*) [2] veröffentlichte der Astronom Camille Flammarion (1842–1925) einen schönen Holzschnitt, auf dem ein mittelalterlicher Pilger scheinbar die Grenze des Universums durchbricht (Abb. 7.6).

Archytas ging von der Existenz einer Grenze der Welt aus. Er ignorierte die Möglichkeit eines dreidimensionalen Universums, das endlich groß und ohne Grenze ist, sodass sein Argument nicht zieht. Tatsächlich kann man in einem endlichen und grenzenlosen dreidimensionalen Universum, das eine Hyperfläche ist, immer in die gleiche Richtung reisen und zum Ausgangspunkt zurückkehren, ohne jemals den Arm auszustrecken.

Im Januar 1921 veröffentlichte Einstein den Aufsatz *Geometrie und Erfahrung* [1] (Abb. 7.7), in dem er berichtet, was uns die Allgemeine Relativitätstheorie über die geometrische Natur des Universums lehrt. Einstein stellt zwei Möglichkeiten vor, die von der durchschnittlichen Dichte der Materie im Universum abhängig sind. Damit die Hypothese eines unendlichen Universums bestätigt wird, muss diese Dichte gegen Null tendieren, andernfalls wäre das Universum endlich groß. Einstein versichert: *Das Volumen des Weltraumes ist desto größer, je kleiner jene mittlere Dichte ist* [1, S. 11].

Abb. 7.7 Einstein 1921

Obwohl Einstein vermutete, dass wir niemals in der Lage sein werden, die Dichte der Materie im Universum zu messen, wie es derzeit geschieht, erwog er die Möglichkeit eines dreidimensionalen Universums, das endlich ist und keine Grenzen hat. Was diesen Fall betraf, äußerte er eine Sorge, die wir bereits früher erwähnt haben, nämlich die Frage, wie wir Hyperebenen visualisieren können. In seinem Aufsatz fragt er: *Können wir uns eine dreidimensionale, endliche und doch grenzenlose Welt anschaulich vorstellen?* Und er antwortet selbst: *Auf diese Frage wird meist mit „nein" geantwortet, aber mit Un-*

*recht. Dies darzutun, ist der Zweck der folgenden Ausführungen. Ich will zeigen,
daß wir uns ohne sonderliche Mühe zu der Theorie von der Endlichkeit der Welt
ein anschauliches Bild machen können, in dem wir uns bei einiger Übung leicht
heimisch fühlen* [1, S. 13-14].

Leider gibt Einstein in seinem Aufsatz keine praktischen Beispiele solcher geistigen Bilder.

Um die Hypothese eines endlichen Universums zu testen, wäre es interessant, eine Liste aller möglichen Formen von Hyperflächen zu haben. Mit ihr und mit einigen physikalischen Beweisen oder Erfahrungen mit Einsteins Worten werden wir in der Lage sein, bestimmte Formate auszuschließen und der Lösung dieses großen Rätsels näher zu kommen.

Einstein war optimistisch und meinte, es würde nicht lange dauern, bis Astronomen diese Frage klären würden. Sie ist heute immer noch nicht geklärt. Sind hundert Jahre eine lange Zeit?

Seit dem Ende des 20. Jahrhunderts haben wir eine Revolution der Astronomie und Astrophysik erlebt, die von einem exponentiellen Wachstum der gesammelten Informationen begleitet wird. Der Start des Hubble-Teleskops (Abb. 7.8) am 24. April 1990 an Bord des Raumschiffs Discovery hat dies unterstrichen. Schon am nächsten Tag begann das Teleskop, das Universum zu beobachten, ohne den Ver-

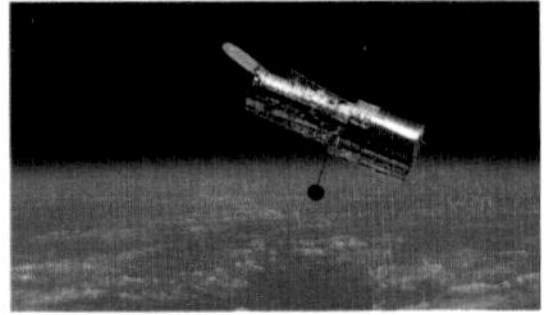

Abb. 7.8 Hubble

zerrungen ausgesetzt zu sein, denen Teleskope auf der Erde unterliegen. Im Jahr 2004 wurde Hubble auf eine Region des Kosmos gerichtet, die noch nicht bekannt war. Sie liegt südwestlich vom Sternbild Orion und in der Nähe des Sternbilds Fornax (Chemischer Ofen). Nach einigen Tagen gab es für die Astronomen eine große Überraschung: Die fotografische Aufzeichnung dieser Sichtung enthielt etwa zehntausend Galaxien, jede mit Milliarden von Sternen. Die Region wurde als Hubble Ultra Deep Field (HUDF) bekannt. Die Bilder bieten den tiefsten Einblick in das Universum, der je im sichtbaren Licht registriert wurde. Er führt uns in eine Entfernung von mehr als 13 Milliarden Lichtjahren, wobei ein Lichtjahr der Strecke entspricht, die das Licht in einem Julianischen Jahr im Vakuum zurücklegt, also etwa 10 Billionen Kilometer. Reflektiertes oder emittiertes Licht erreicht unser Auge mit Lichtgeschwindigkeit. Alles was unsere Netzhaut erreicht ist daher ein Bild der Vergangenheit – in diesem Fall aus der Zeit vor 13 Milliarden Jahren!

Das Hubble-Teleskop half zu bestätigen, dass wir noch wenig über unser Universum wissen und dass es ein großer Ort ist, so groß, dass es eine enorme Verschwendung darstellen würde, wenn nur unser Planet bewohnt wäre.

Am 22. Februar 2017 verkündete die NASA eine spektakuläre Entdeckung: ein Cluster von sieben Planeten, die als bewohnbar gelten und nicht weit von unsrer Erde einen Stern umkreisen, der unserer Sonne ähnelt.

Der Physiker Carl Sagan (1934–1996) beschrieb den Planeten Erde als einen blassen blauen Punkt auf der fotografischen Aufzeichnung, die von der Raumsonde Voyager 1990 vom Saturn aus gesendet wurde. Die Erde – bloß ein Punkt in einem riesigen Universum: Das haben einige Philosophen bereits im antiken Griechenland behauptet.

Man nimmt an, dass die Menschheit seit der Antike versucht hat, den Kosmos zu verstehen. Einige archäologische Denkmäler unterstützen diese Annahme. Zum Beispiel glauben einige, dass Stonehenge in England (Abb. 7.9) vor über 5000 Jahren als eine Art astronomisches Observatorium erbaut wurde. Nach Ansicht des britischen Archäologen Evan Hadingham wurde Stonehenge

Abb. 7.9 Stonehenge

allerdings nicht von Steinzeit-Einsteins genutzt, sondern von unterentwickelten Barbaren, die sich mit Ritualen rund um Leben, Tod, Fruchtbarkeit und ihre Vorfahren beschäftigten.

Auch nach vielen durchgeführten Studien bleibt unser Universum geheimnisvoll und beunruhigend. Neue Entdeckungen sowohl in der Astronomie als auch in der Geometrie zeigen jedoch, dass wir unser Wissen erweitern, wenn auch langsam.

Die Forschungsergebnisse des bulgarischen Mathematikers und Astrophysikers Fritz Zwicky (18980–1974) sind ein schönes Beispiel. Zwicky wusste, dass eine Gruppe rotierender Galaxien durch die Schwerkraft zusammengehalten wird, sonst würden die Galaxien je nach Geschwindigkeit weggeschleudert, wie Menschen, die sich auf einem schnellen Karussell nicht festhalten.

1933 fand Zwicky bei seiner Beobachtungen eine Unstimmigkeit: Bei einer Gruppe von Galaxien war die Kraft, die sie zusammenhielt, größer als die Schwerkraft durch die beobachtete Materie. Das Übermaß an Schwerkraft war da, aber man konnte die Materie, die es verursachte, nicht sehen. So kam Zwicky zu dem Schluss, dass es nicht beobachtbare Materie geben muss, also Materie, die kein Licht aussendet oder reflektiert. Er nannte sie *dunkle Materie*.

Anfangs stießen Fritz Zwickys Argumente bei den wissenschaftlichen Kollegen auf wenig Resonanz. Erst als 1970 die Astronomin Vera Rubin (1928–2016) ausreichend genaue Messungen durchgeführt hatte, wurde die Idee der dunklen Materie akzeptiert. Der Beginn der wissenschaftlicher Karriere Rubins war jedoch nicht leicht. Nachdem sie 1948 einen Abschluss in Astronomie am Vassar Female College erworben hatte, bewarb sie sich für ein Doktorat an der Universität Princeton, aber ihre Bewerbung wurde abgelehnt, Princeton ließ erst 1975 Frauen zum Studium der Astronomie zu.

Obwohl Physiker die dunkle Materie noch nicht nachgewiesen haben, verfügen sie doch aufgrund von Beobachtungen von Galaxien über eine Vorstellung, wie viel davon im Universum existiert. Einige nehmen sogar an, dass die dunkle Materie in einer vierten Dimension existiert.

Aktuelle Daten legen nahe, dass nur 4 % des Universums aus „baryonischer" Materie (hauptsächlich Protonen, Neutronen und Elektronen) bestehen, die sichtbar ist. Könnte es noch unheimlicher sein? Ja, denn von den verbleibenden 96 % des Universums wäre nur 1/4 dunkle Materie, 3/4 hätte aber die noch mysteriösere Form *dunkler Energie*.

Angesichts der Schwierigkeit, die Zusammensetzung der Materie im Universum sowie seine Form zu verstehen, haben einige Wissenschaftler den Schluss gezogen, dass die beiden Probleme miteinander zusammenhängen. Viele Forscher glauben an die surreale Hypothese eines unendlichen Universums, während einige, wie Einstein, die Möglichkeit eines dreidimensionalen Modells akzeptieren, das endlich ist und keine Grenzen hat, also eine Hyperebene ist.

Eine Visualisierung von Hyperebenen wird notwendig sein, um die mögliche Form unseres Universums zu erkennen, aber das allein genügt nicht. Wir stehen vor einem schwierigen Problem – wie vor viele anderen. Wir müssen dabei bedenken, dass sogar die Form unseres Planeten in früheren Zeiten Gegenstand vieler Diskussionen war. Mehrere Möglichkeiten wurden in Betracht gezogen, bis man letztlich zum sphärischen Modell kam. Zur Zeit von Christoph Kolumbus, um das Jahr 1490, kursierte die Hypothese, unser Planet sei birnenförmig. Kürzlich wurde ganz unerwartet in einem Artikel von L. P. Gaffney et al. [3] im mikroskopischen Bereich die Birnenform im Kern bestimmter Atome identifiziert, was manche traditionelle Theorien der Physik in Frage stellt.

Als 1961 der russische Astronaut Juri Gagarin (1934–1968) mit dem Raumschiff Wostok 1 ins All geschossen wurde, sah er nicht nur die Form, sondern auch die Farbe unseres Planeten.

Die geometrische Wahrnehmung des Universums, in dem wir leben, ist sehr kompliziert. Es ist oft einfacher, etwas abzuschätzen, wenn man außerhalb davon ist.

In Werner Herzogs Film *Jeder für sich und Gott gegen alle* aus dem Jahr 2004 macht der „Held" des Films, Kaspar Hauser, der seit seiner Geburt 17 Jahre lang in einem Raum in einem Turm eingesperrt war, folgende Beobachtung über die Natur des Raumes, als er zum ersten Mal aus dem Turm herausgebracht wird: *In meinem Raum, wenn ich nach links, rechts, vorwärts, rückwärts, oben und unten schaue, kann ich nur meinen Raum sehen. Draußen schaue ich auf den Turm, aber wenn ich mich umdrehe, dann sei er nicht mehr da. Also ist mein Raum größer als der Turm.* Der kleine Raum im Turm, in dem Kaspar immer eingesperrt war, war existenziell für ihn, es war sein gesamtes Universum.

Unser wunderschöner blauer Planet (zumindest aus der Ferne, aus der Nähe erscheint er zunehmend verschmutzt und grau) ist Teil eines Sonnensystems, das Teil einer Galaxis namens Milchstraße ist, die wiederum Teil der sogenannten Lokalen Gruppe ist, einer Ansammlung mehrerer Galaxien, die wiederum …. Wir leben in einem sehr komplexen Universum, und es gibt keine Chance, es zu verlassen, um seine Form von außen zu betrachten, wie es Gagarin mit unserem Planeten getan hat. Wir werden daher diese Form ableiten müssen, und die Mathematik kann uns dabei helfen.

Laut Einstein ist einer der Gründe, warum die Mathematik gegenüber allen anderen Wissenschaften eine besondere Wertschätzung genießt, dass ihre Gesetze absolut sicher und unbestreitbar sind, während die aller anderen Wissenschaften in gewissem Maße diskutabel sind und ständig die Gefahr besteht, dass sie durch die Entdeckung neuer Fakten umgestoßen werden.

7.3 Dreidimensionale Objekte

Da es in unserer physischen Welt keine dreidimensionalen Objekte gibt, die Hyperflächen modellieren können, versuchen wir, sie durch Analogie zu verstehen. Sie basiert auf der Vertrautheit, die wir mit geschlossenen zweidimensionalen Objekten haben, die die Grenzen von dreidimensionalen Objekten in unserer physischen Welt darstellen. Diese Analogie wird durch ein gutes Verständnis einiger Begriffe erleichtert, die, wie schon erwähnt, als Definitionen im Band I von Euklids *Elementen* festgehalten sind.

Definition 13 *Am Äußersten, wohin sich etwas erstreckt, wird es begrenzt.*

Die folgende Definition beschreibt die Menge der Punkte innerhalb von Grenzen:

Definition 14 *Eine Figur ist eine Fläche, die durch die Grenzen, in denen sie liegt, bezeichnet wird.*

Dies sind ziemlich vage Definitionen. Sie erfordern einige Beispiele zur Klärung.

Beispiel 1 Ein Liniensegment hat zwei Endpunkte. Die inneren Punkte des Segments bilden eine Figur. Wir sagen, dass das Liniensegment eine Figur ist, die zwei Grenzpunkte hat.

In einer Ebene ist die von einem Kreis eingeschlossene Region die Figur, die als *Disk* bezeichnet wird. Disks sind zweidimensionale Figuren mit eindimensionalen kreisförmigen Grenzen.

Im dreidimensionalen Raum ist die von einer Sphäre eingeschlossene Region die Figur, die auch als *Vollkugel* bezeichnet wird. Die Vollkugel ist eine dreidimensionale Figur, die die Sphäre als ihre zweidimensionale Grenze hat.

In der Topologie wird eine Scheibe als 2-Disk bezeichnet und durch D^2 gekennzeichnet. Die Grenze von D^2 wird als 1-Sphäre bezeichnet und durch S^1 gekennzeichnet. Dies kann auf jede Dimension erweitert werden: Ein n-Disk D^n ist ein Objekt, dessen Grenze eine $(n-1)$-Sphäre ist. Auch das Liniensegment wird als 1-Disk bezeichnet, und seine Grenze, die beiden Endpunkte, wird als 0-Sphäre bezeichnet.

7.3.1 Die Hypersphäre

$\mathbb{R}^n$ möge den euklidischen n-dimensionalen Raum bezeichnen. Wir definieren die Hypersphäre als eine Teilmenge des vierdimensionalen Raums $\mathbb{R}^4$. Die Sphäre (zweidimensionales Objekt) ist als Teilmenge von $\mathbb{R}^3$ bekannt. Wenn C ein Punkt im $\mathbb{R}^3$ ist und r eine gegebene Länge ist, dann ist die Sphäre mit Radius r und Zentrum C (Abb. 7.10c), bezeichnet durch S^2, die Menge der Punkte von $\mathbb{R}^3$, deren

Abstände zum Punkt C alle gleich r sind. Es ist ein zweidimensionales Objekt ohne Grenze.

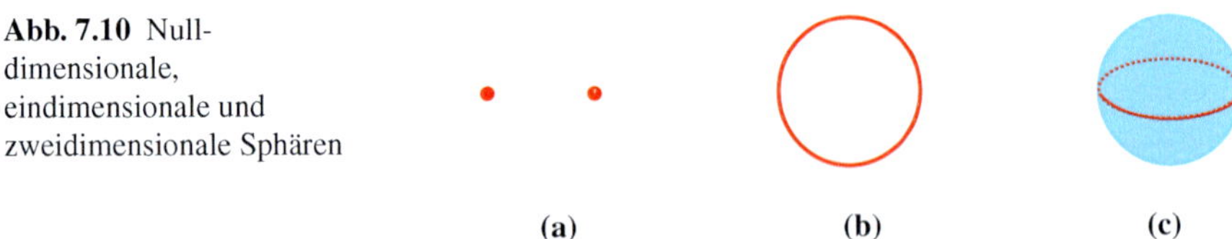

Abb. 7.10 Null-dimensionale, eindimensionale und zweidimensionale Sphären

Mit der gleichen Definition, aber unter Sammlung der Punkte im $\mathbb{R}^2$, erhalten wir den Kreis mit Radius r und Zentrum C (Abb. 7.10b), den S^1, oder die Sphäre der Dimension 1, ein eindimensionales Objekt ohne Grenze. Sammeln wir die Punkte in der Linie $\mathbb{R}$ nach der gleichen Definition, erhalten wir nur zwei Punkte, die r vom Punkt C entfernt sind, das ist der S^0 (Abb. 7.10a), oder die Sphäre der Dimension 0.

Ähnlich definieren wir die Hypersphäre, bezeichnet durch S^3, als die Menge der Punkte im $\mathbb{R}^4$, die gleich weit (Radius) von einem festen Punkt (Zentrum) entfernt sind. Ebenso wird die n-dimensionale Sphäre als Teilmenge des $(n+1)$-dimensionalen Raums definiert.

Ein geistiges Bild der Hypersphäre S^3 kann mit einer dreidimensionalen Tomographie erstellt werden. Während jede Tomographie der Kugel S^2, unabhängig von der Richtung der parallelen Ebenen, immer Kreise S^1 erzeugt, deren Radien zunehmen, bis sie ein Maximum erreichen, das dem Radius der Sphäre entspricht, erzeugen in der Hypersphäre S^3 die Schnitte durch parallele dreidimensionale Räume Sphären S^2, deren Radien zunehmen, bis sie ein Maximum erreichen, das dem Radius der Hypersphäre entspricht.

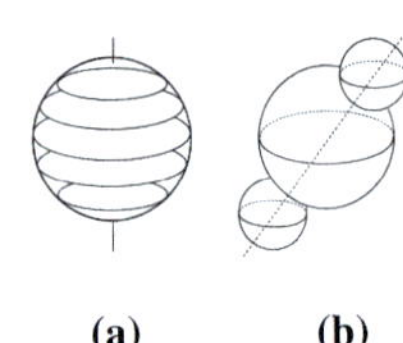

Abb. 7.11 Sphäre und Hypersphäre

Wir betrachten nun auf der Sphäre (zweidimensionales Objekt ohne Grenze) zwei gegenüberliegende Punkte, den Nordpol und den Südpol. Schnitte der Sphäre durch Ebenen (zweidimensionale Räume), die senkrecht zur Achse stehen, die durch die Pole bestimmt wird, liefern Kreise (eindimensionale Objekte ohne Grenze) mit Zentren an den Achsenpunkten und Radien, die bis zum Äquator maximal ansteigen, um dann bis auf null an den Polen abzunehmen (Abb. 7.11a). Analog dazu unterscheiden wir zwei Punkte auf der Hypersphäre und nennen sie N-Pol und S-Pol. Schnitte der Hypersphäre durch dreidimensionale Räume, die senkrecht zur Achse vom N-Pol zum S-Pol verlaufen, liefern Sphären (zweidimensionale Objekte ohne Grenze) mit Zentren an Punkten auf dieser Achse und Radien, die zunehmen, bis sie ein Maximum erreichen, und dann bis auf null abnehmen. Die Sphäre wird somit als Sammlung von gestapelten Kreisen wahrgenommen, deren Zentren entlang der Achse liegen, die durch N- und S-Pol bestimmt wird. Ebenso ist eine Hypersphäre eine Sammlung von gestapelten

Sphären mit Zentren entlang der Achse, die durch N- und S-Pol bestimmt wird (Abb. 7.11b).

Die Hypersphäre S^3 kann auch geometrisch durch das Zusammenfügen zweier Sphären an ihren Grenzen erzeugt werden. Wir erinnern uns daran, dass eine Vollkugel ein dreidimensionales Objekt ist, dessen Grenze eine zweidimensionale Sphäre S^2 ist. Um die Zusammenfügung der Grenzpunkte von zwei massiven Sphären zu verstehen, visualisieren wir zunächst den analogen Prozess zur Erzeugung von Sphären S^1 und S^2.

Wie wir gesehen haben, ist die Menge der Punkte auf der Linie, die innerhalb eines S^0 liegen, das Liniensegment D^1, die 1-Disk. Haben wir zwei 1-Disks, können wir einen Kreis (topologisch) erzeugen, indem wir die Punkte auf der Grenze einer Figur Punkt für Punkt mit denen der anderen zusammenfügen. Dann verformen wir die beiden Segmente in Bögen und bringen die Grenzpunkte des einen Bogens zu den Grenzpunkten des anderen Bogens, bis sie zusammengefügt sind. Physisch stellen wir uns vor, dass unsere Figuren aus einem perfekt verformbaren Material bestehen. Auf diese Weise erstellen wir ein physisches Modell eines Kreises aus zwei Segmenten. Nach der Zusammenfügung verschwinden die Grenzpunkte, womit der Kreis S^1 ein eindimensionales Objekt ohne Grenze (Abb. 7.12a) ist.

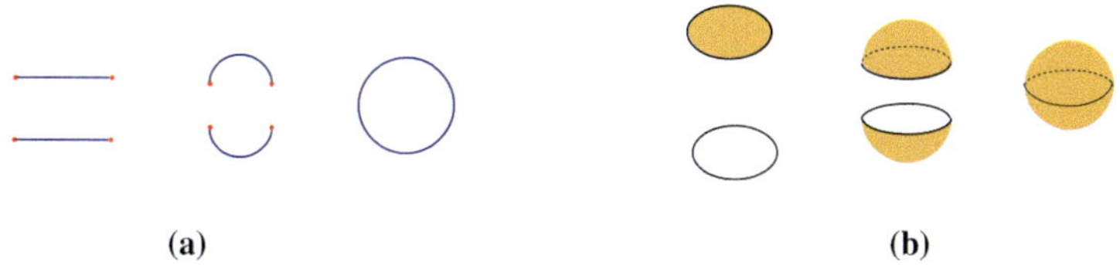

(a)   (b)

Abb. 7.12 (**a**) Eindimensionale Sphäre   (**b**) Zweidimensionale Sphäre

Dasselbe machen mit nun mit zweidimensionalen Objekten. Die Menge der Punkte auf der Ebene, die innerhalb des Kreises S^1 liegen, ist die 2-Disk D^2.

Wir gehen von zwei 2-Disks mit ihrer kreisförmigen Grenze aus. Durch Zusammenfügen der entsprechenden Punkte einer kreisförmigen Grenze mit denen der anderen erhalten wir topologisch die Sphäre S^2. Nach dieser Zusammenfügung verschwinden die Grenzpunkte, und die Sphäre S^2 ist ein zweidimensionales Objekt ohne Grenze (Abb. 7.12b).

Schließlich werden wir dasselbe mit dreidimensionalen Objekten tun. Jetzt haben wir zwei massive Sphären, also zwei 3-Disks D^3, deren Grenzen Sphären S^2 sind. Durch das Zusammenfügen der entsprechenden Punkte einer sphärischen Grenze mit denen der anderen erhalten wir topologisch die Hypersphäre S^3.

Zusammenfassend haben zwei 1-Disks ihre Grenze S^0 Punkt für Punkt zusammengefügt, was zu S^1 geführt hat. Zwei 2-Disks haben ihre Grenze S^1 Punkt für Punkt zusammengefügt, was zu S^2 geführt hat, und zwei 3-Disks haben ihre Grenze S^2 Punkt für Punkt zusammengefügt, was zur Hypersphäre S^3 geführt hat.

Während die Verfahren zur Erzeugung von S^1 und S^2 leicht zu visualisieren sind, erfordert die Punkt-für-Punkt-Zusammenfügung von Grenzpunkten zweier 3-Disks eine gewisse Abstraktion.

Tatsächlich lebt die Hypersphäre in einer vierten Dimension, sodass eine dreidimensionale physische Erfahrung für diese Visualisierung nicht ausreicht. Es gibt eine alternative Art, die Hypersphäre zu konzipieren: durch das Konzept der *Einhängung* oder *Suspension* einer Menge.

Sei S eine Menge von Punkten und seien P_1 und P_2 zwei Punkte, die nicht zu S gehören. Wir nennen die Menge aller Strecken mit einem Ende bei P_1 und dem anderen bei jedem Punkt von S, zusammen mit der Menge aller Strecken mit einem Ende bei P_2 und dem anderen bei jedem Punkt von S eine *Einhängung* von S . Die Punkte P_1 und P_2 werden Einhängungspunkte genannt.

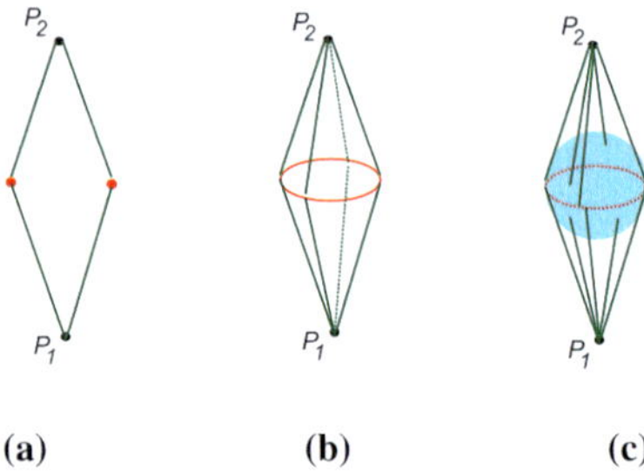

Abb. 7.13 Einhängung von Sphären

Mit diesen Annahmen ist die Einhängung von S^0 topologisch gesehen S^1 (Abb. 7.13a), die Einhängung von S^1 ist S^2 (Abb. 7.13b), und die Einhängung von S^2 ist die Hypersphäre S^3.

Selbst als Einhängung von S^2 ist die Hypersphäre nicht leicht vorstellbar.

Nun können aber die beiden Knotenpunkte P_1 und P_2 der Einhängung zufällig gewählt werden, solange sie nicht zur einzuhängenden Menge gehören. Daher kann die richtige Auswahl der Einhängungsknoten bei der Visualisierung helfen. Im Falle der Einhängung von S^2 zur Erzeugung von S^3 können wir Knoten P_1 im Zentrum von S^2 wählen, sodass P_1 innerhalb von S^2 liegt und der andere Knoten P_2 außerhalb von S^2.

Nach dieser Auswahl ist die Einhängung von S^2 leichter zu sehen. Tatsächlich bildet die Menge der Geraden, die bei P_1, dem Zentrum von S^2, beginnen und zu den Punkten der Sphäre S^2 führen, eine massive Sphäre D^3, deren Zentrum in P_1 liegt. Darüber hinaus bildet die Menge der Segmente, die am äußeren Punkt P_2 beginnen und zu den Punkten der Kugel S^2 führen, topologisch gesehen eine massive Sphäre. Diese beiden massiven Sphären haben eine gemeinsame Grenze: die Punkte der eingehängten S^2.

Der mathematische Physiker Mark A. Peterson behauptet 1979 in seinem Artikel *Dante and the 3-sphere* [5], dass die Hypersphäre S^3 mit dem Universum übereinstimmt, das Dante Alighieri (1265–1321) in seiner *Göttlichen Komödie* beschreibt. Die Einhängung von S^2 mit einem inneren und einem äußeren Knoten, mit Gott im äußeren leuchtenden Punkt und Satan im dunklen inneren Punkt (Abb. 7.14), beschreibt laut Peterson Dantes Universum in Gesang 28 des Paradieses.

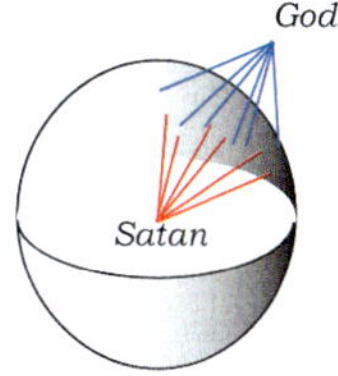

Abb. 7.14 Dantes Universum

Eine andere Möglichkeit, die Hypersphäre S^3 zu visualisieren, ist ihre hyperpolyedrische Darstellung: der Hyperwürfel.

Wir gehen davon aus, dass eine kubischen Figur, der massive Würfel, eine polyedrische Darstellung der massiven Sphäre ist. Das Zusammenfügen von zwei massiven Würfeln an ihrer kubischen Grenze erzeugt einen Hyperwürfel, der eine hyperpolyedrische Darstellung der Hypersphäre ist. Topologisch gesehen stimmen Hypersphäre und Hyperwürfel überein.

Eine bekannte Darstellung des Hyperwürfels als Projektion vom vierdimensionalen in den dreidimensionalen Raum und hinunter auf die Ebene einer Seite zeigt Abb. 7.15. Sie wird durch die Zusammenfügung der Grenzen von zwei massiven Würfeln erzeugt. Das Bild kann aber ziemlich verwirrend wirken, weil einer der massiven Würfel innerhalb des anderen massiven Würfels platziert ist.

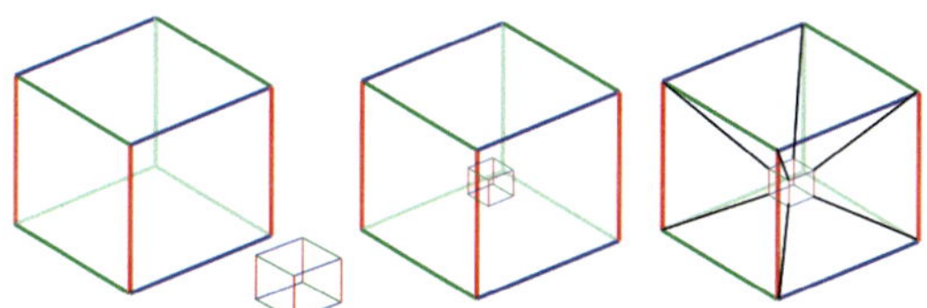

Abb. 7.15 Hyperwürfel

Als nächstes werden wir unter Verwendung der 14. euklidischen Definition von Buch I weitere Beispiele von Figuren zur Unterstützung der Konfiguration anderer Hyperflächen zeigen.

Beispiel 2 Drei nicht kollineare Punkte definieren eine Ebene. Das Auftreten von drei kollinearen Punkten ist etwas sehr Besonderes, während drei nicht kollineare Punkte ein häufigeres Phänomen sind. Wir sagen, dass drei Punkte in *allgemeiner Position* sind, wenn sie nicht kollinear sind. Ebenso sind vier Punkte in allgemeiner Position, wenn sie nicht alle auf derselben Ebene liegen. Analog definieren wir n Punkte in allgemeiner Position. In einer Ebene definiert die Menge von drei Segmenten, deren Endpunkte drei Punkte in allgemeiner Position sind, ein Dreieck (eindimensionale Objekt ohne Grenze). Das Dreieck ist die Grenze einer dreieckigen Figur in der Ebene. Die drei Punkte, die das Dreieck definieren, werden als *Ecken* der dreieckigen Figur bezeichnet, die Segmente, die durch

die Paare von Punkten definiert sind, werden als *Kanten* bezeichnet, und die dreieckige Figur wird als *Fläche* bezeichnet.

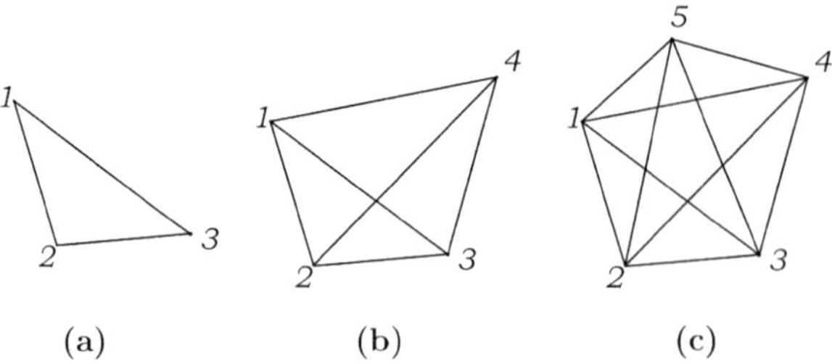

Abb. 7.16 Punkte in allgemeiner Position

Beispiel 3 Betrachten wir nun vier Punkte in allgemeiner Position, also vier nicht
kollineare Punkte. Grundsätzlich ist es unmöglich, diese vier nicht koplanaren
Punkte in der Ebene dieser Seite darzustellen, aber wir tun so, als ob sie in verschiedenen Ebenen liegen. Im Gegensatz zu traditionellen Zeichentechniken wie
der Perspektive, stellt eine Zeichnung in der Mathematik genau das dar, was wir
darstellen wollen! Zum Beispiel liegen die nicht koplanaren Punkte 1, 2 und 3 in
der von ihnen definierten Ebene (Abb. 7.16a), Punkt 4 muss jedoch außerhalb dieser Ebene vorgestellt werden (Abb. 7.16b).

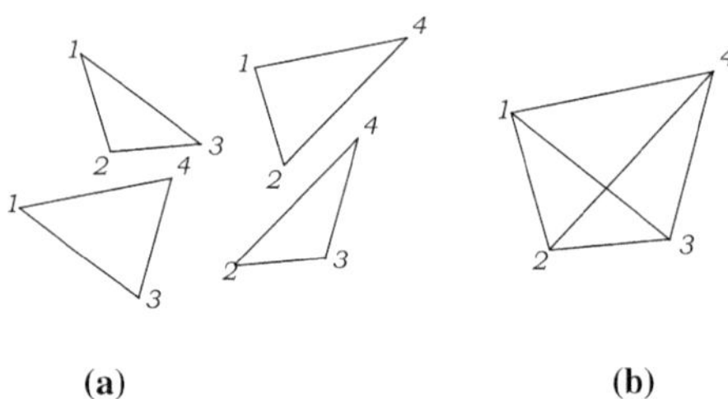

Abb. 7.17 Vier Flächen

Wenn P_1, P_2, P_3 und P_4 vier Punkte in allgemeiner Position sind, dann definiert
jedes der vier von ihnen definierten Tripel (P_1, P_2, P_3), (P_1, P_2, P_4), (P_1, P_3, P_4), $(P_2,
P_3, P_4)$ eine dreidimensionale Dreiecksfigur, da die vier Punkte nicht koplanar sind.

Die Menge dieser vier Dreiecksfiguren ist ein Tetraeder (Abb. 7.17b). Er hat
vier Ecken, sechs Kanten und vier Flächen. Nach Euklid ist die Tetraederfigur die
Menge der Punkte im dreidimensionalen Raum, die vom Tetraeder eingeschlossen

werden. Diese dreidimensionale Figur hat den Tetraeder (zweidimensional) als ihre Grenze. Die tetraedrische Figur (dreidimensional) wird als *Zelle* bezeichnet.

Beispiel 4 Betrachten wir fünf Punkte in allgemeiner Position, was heißt, dass sie nicht zum selben dreidimensionalen Raum (Abb. 7.16c) gehören. Zu beachten ist, dass es genauso, wie es unendlich viele Linien in der Ebene gibt, auch unendlich viele Ebenen im dreidimensionalen Raum und unendlich viele dreidimensionale Räume im vierdimensionalen Raum gibt.

Die fünf möglichen Teilmengen von vier Punkten, definiert durch diese fünf Punkte in allgemeiner Position, werden Eckpunkte von tetraedrischen Figuren sein, jede in einem anderen dreidimensionalen Raum (Abb. 7.18). Somit sind fünf Punkte in allgemeiner Position Eckpunkte, die zehn Kanten definieren, die wiederum zehn dreieckige Flächen definieren, die ihrerseits fünf tetraedrische Zellen definieren. Diese Zusammensetzung wird als 5-Zelle bezeichnet (Abb. 7.19).

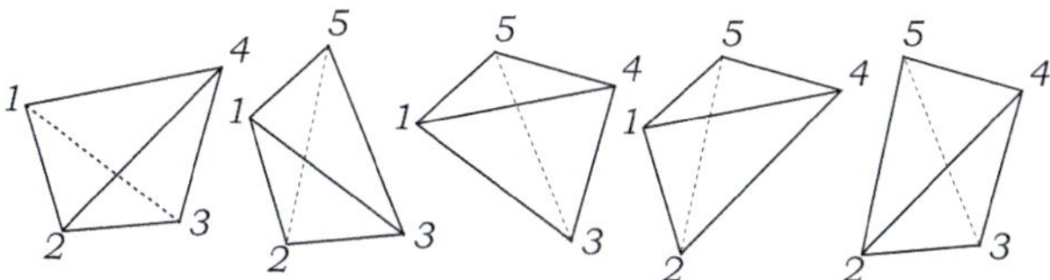

Abb. 7.18 Fünf Zellen

Während ein Dreieck die Grenze einer dreieckigen Figur (zweidimensionaler Bereich) ist und ein Tetraeder die Grenze einer Tetraederfigur (dreidimensionaler Bereich) ist, ist die 5-Zelle die Grenze eines vierdimensionalen Bereichs.

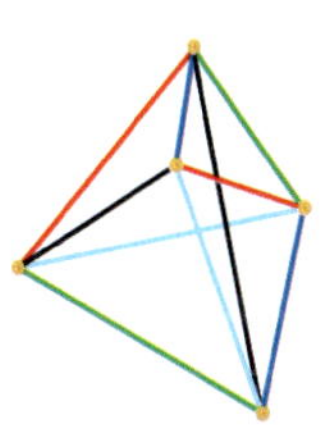

Abb. 7.19 5-Zelle

Die 5-Zelle ist ein Beispiel für eine Hyperebene, also für ein dreidimensionales Objekt endlicher Größe und ohne Grenze. Wir können es physisch nicht sehen, da die 5-Zelle in der vierten Dimension lebt. Das meiste, was wir von der 5-Zelle in unserem dreidimensionalen Raum sehen können, ist eine ihrer tetraedrischen Zellen. Wenn eine tetraedrische Figur auf einer Ebene liegt, wird nur eine ihrer vier Flächen (dreieckige Figuren) zu dieser Ebene gehören. Ähnlich gilt: Wenn eine 5-Zelle in einem dreidimensionalen Raum liegt, wird nur eine ihrer fünf Zellen (tetraedrische Figuren) im dreidimensionalen Raum erscheinen – das ist alles, was von einer 5-Zelle gesehen werden kann.

Die Angst, die man vielleicht empfindet, weil man die 5-Zelle nicht visualisieren kann, ist die gleiche, die Bewohner von Flächenland erleiden (Kap. 5), diese Wesen, die in einer zweidimensionalen Welt leben. Sie können nur eine der dreieckigen Flächen einer tetraedrischen Figur wahrnehmen, weil diese Figur zum dreidimensionalen Raum gehört, der für sie eine esoterische Welt darstellt.

7.3.2 *Reguläre Hyperpolyeder*

Wir können Polygone mit Hilfe von Eckpunkten und Kanten bilden, also ein-dimensionale Objekten ohne Grenze. Reguläre Polygone haben Kanten der gleichen Länge, und an jedem Eckpunkt treffen zwei Kanten aufeinander. Eine reguläre polygonale Figur, also ein reguläres Polygon zusammen mit seinen inneren Punkten, wird als reguläre Fläche bezeichnet.

Wir können Polyeder mit Hilfe von Eckpunkten, Kanten und Flächen bilden, also zweidimensionale Objekten ohne Grenze. Regelmäßige Polyeder sind solche, deren Flächen regelmäßige polygonale Figuren sind – alle vom gleichen Typ und Größe. An jedem Eckpunkt trifft die gleiche Anzahl regelmäßiger Flächen aufeinander. Wir haben in Kap. 2 gesehen, dass es unter diesen Bedingungen nur fünf regelmäßige Polyeder gibt, die platonischen Polyeder. Eine regelmäßige polyedrische Figur, also ein regelmäßiges Polyeder zusammen mit seinen inneren Punkten, wird als regelmäßige Zelle bezeichnet. Die platonischen Körper sind die fünf regelmäßigen Zellen.

Wir können Hyperpolyeder mit Hilfe von Eckpunkten, Kanten, Flächen und Zellen bilden: dreidimensionale Objekte ohne Grenze, also Hyperflächen. Regelmäßige Hyperpolyeder sind solche, deren Zellen regelmäßige polyedrische Figuren vom gleichen Typ sind. An jedem Eckpunkt trifft die gleiche Anzahl regelmäßiger Zellen aufeinander. Die Eckpunkte sind voneinander nicht zu unterscheiden.

Der Schweizer Mathematiker Ludwig Schläfli (1814–1895) beschrieb alle regelmäßigen Hyperpolyeder. Sie sind die Analogien regelmäßiger Polyeder im vierdimensionalen Raum und sind auch als Polytope bekannt. Das einfachste dieser Polytope ist die regelmäßige 5-Zelle. Sie hat fünf regelmäßige Zellen, die tetraedrische Figuren sind, und es ist einfach, ein Modell zu bauen. Das Dreieck hat drei Eckpunkte, von denen zwei Kanten ausgehen. Das Tetraeder hat vier Eckpunkte mit je drei Kanten, die 5-Zelle hat fünf Eckpunkte mit je vier Kanten.

Das Verfahren zur Konstruktion von Modellen regelmäßiger Hyperpolyeder kann verallgemeinert werden, um andere Polytope zu erhalten. Wir wollen nun zunächst die Polytope auflisten, deren Flächen quadratische Figuren sind.

Das Quadrat hat 4 Eckpunkte ($4 = 2^2$) und an jedem Eckpunkt gibt es 2 Kanten. Das Quadrat umschließt einen Bereich des zweidimensionalen Raums. Der Würfel hat als 8-Zelle 8 Eckpunkte ($8 = 2^3$) mit je 3 Kanten. Der Würfel umschließt einen Bereich des dreidimensionalen Raums.

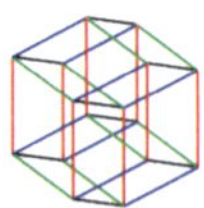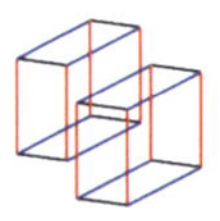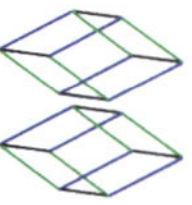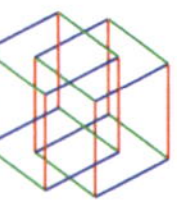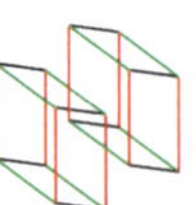

Abb. 7.20 Acht Zellen des Hyperwürfels

Der Hyperwürfel hat 16 Eckpunkte ($16 = 2^4$) mit je vier Kanten. Der Hyperwürfel umschließt einen Bereich des vierdimensionalen Raums. Daher ist 2^n die Anzahl der Eckpunkte eines Bereichs des n-dimensionalen Raums, und an jedem Eckpunkt gibt es n Kanten. Darüber hinaus hat ein solches Objekt $2n$ Hyperzellen der Dimension $n-1$.

Der Hyperwürfel ist das regelmäßige Hyperpolyeder, das dem regelmäßigen Polyeder "Würfel" entspricht. Er ist auch wegen seiner acht kubischen Zellen als regelmäßige 8-Zelle bekannt (Abb. 7.20).

Unter den Polytopen, deren Flächen dreieckige Figuren sind, gibt es auch diejenigen, die dem Oktaeder und dem Ikosaeder entsprechen. Das ist zum einen die 16-Zelle (Abb. 7.21a), das regelmäßige Hyperpolyeder, das dem regelmäßigen Oktaeder entspricht. Es hat 16 Zellen, die regelmäßige Tetraederfiguren. Zum anderen ist es die 600-Zelle (Abb. 7.21c), das regelmäßige Hyperpolyeder, das dem Ikosaeder entspricht und 600 regelmäßige Tetraederzellen hat.

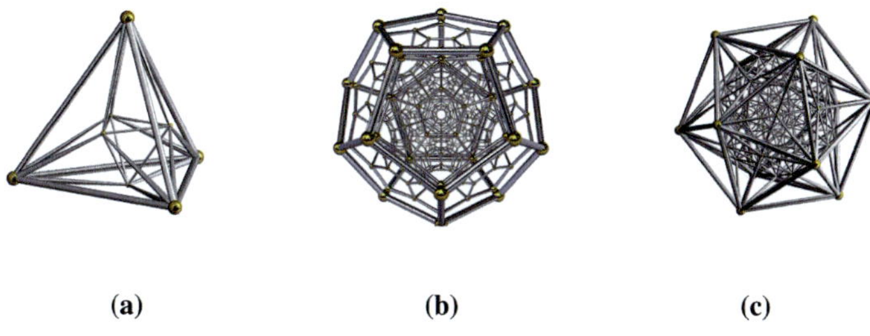

(a)   (b)   (c)

Abb. 7.21 16-Zelle, 120-Zelle und 600-Zelle

Das einzige Polytop, dessen Flächen fünfeckige Figuren sind, ist die 120-Zelle (Abb. 7.21b), das regelmäßige Hyperpolyeder, das dem regelmäßigen Dodekaeder entspricht und 120 dodekaedrische Zellen hat.

Die 5-Zelle, 8-Zelle, 16-Zelle, 120-Zelle und 600-Zelle sind die vierdimensionalen Analogien zu den fünf regelmäßigen Polyedern des dreidimensionalen Raums, nämlich dem Tetraeder, Würfel, Oktaeder, Dodekaeder und Ikosaeder.

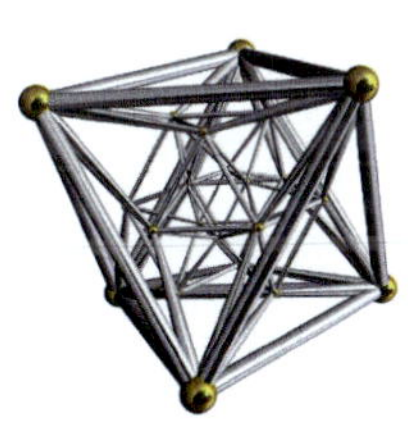

Schläfli entdeckte überraschenderweise neben diesen fünf Polytopen noch ein weiteres regelmäßiges Hyperpolyeder im vierdimensionalen Raum. Es ist die 24-Zelle (Abb. 7.22), die kein Analogon im dreidimensionalen Raum hat, wo nur die fünf platonischen Körper existieren. Sie hat 24 Zellen, die regelmäßige oktaedrische Figuren sind.

Abb. 7.22 24-Zelle

Obwohl die Modelle der Hyperpolyeder schwer zu erfassen sind, wenn sie auf der Ebene einer Buchseite gezeichnet werden, folgen sie dem Muster der Konstruktion von Polygonen und Polyedern. Sie sind die Hyperflächen, die am einfachsten zu zeichnen sind. Die schönen Bilder der 16-Zelle (Abb. 7.21a), 24-Zelle (Abb. 7.22), 120-Zelle (Abb. 7.21b) und 600-Zelle (Abb. 7.21c) wurden mit der Stella-Software von Robert Webb gezeichnet.

Dreidimensionale Objekte ohne Grenze erfordern mindestens die vierte Dimension für eine mögliche Einbettung. Wir haben bereits die gleiche Schwierigkeit mit geschlossenen nicht-orientierbaren Flächen (Kap. 5) erlebt, da sie ebenfalls einen vierdimensionalen Raum für eine Einbettung benötigen. Daher überschreiten Modelle von Hyperpolyedern die Grenzen unserer visuellen Möglichkeiten.

Wir können diese Schwierigkeit jedoch überwinden, indem wir dreidimensionale Modelle erstellen, die analog zum Fundamentalpolygon geschlossener Flächen sind. Zum Beispiel kann man ein dreidimensionales Modell der 5-Zelle durch sechs Schnitte entlang der dreieckigen Flächen erhalten, deren Eckpunkte aus den fünf Eckpunkten 1, 2, 3, 4, und 5 durch die Tripel [123], [124], [125], [134], [135] und [145] dargestellt werden. Seine fünf Zellen, die tetraedrische Figuren sind, haben Eckpunkte, die durch die Vierergruppen [1234], [1235], [1245], [1345] und [2345] gegeben sind (Abb. 7.23).

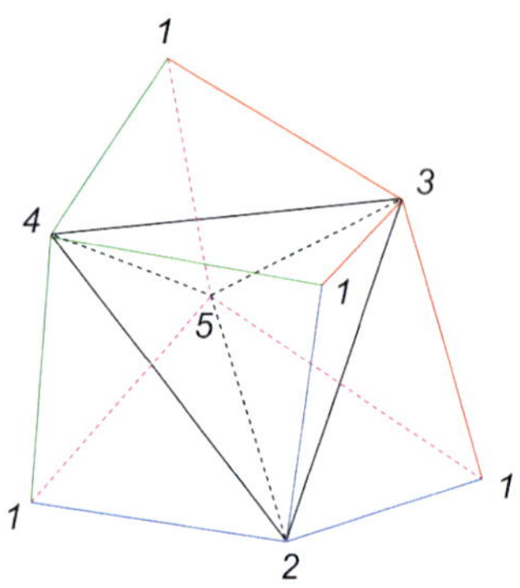

Abb. 7.23 Offene 5-Zelle

Ein weiteres Beispiel ist die 8-Zelle: Der Hyperwürfel ist eine Hyperfläche, für die ein dreidimensionales Modell durch 17 Schnitte entlang der quadratischen Flächen erhalten wird (Abb. 5.17). Dieses dreidimensionale Modell wird offener Hyperwürfel genannt.

7.3.3 Der 3-Torus

Der 3-Torus ist das dreidimensionale Analogon des zweidimensionalen Torus. Der 3-Torus, der durch T^3 bezeichnet wird, hat ein dreidimensionales Modell, das dem des Torus T^2 folgt. Wir erinnern uns daran, dass T^2 durch ein Fundamentalpolygon dargestellt wird, das eine quadratische Figur ist, bei der Paare von gegenüberliegender Kanten zusammengefügt sind. Wir können T^2 als eine Sequenz von Sphären S^1 sehen, die um eine andere S^1 herumgehen. Es gilt $T^2 = S^1 \times S^1$. Analog dazu wird der 3-Torus durch ein dreidimensionales Modell in Form eines massiven Würfels dargestellt, bei dem Paare gegenüberliegender Flächen zusammengefügt sind. Diese Zusammenfügungen von Flächen finden direkt statt, also Punkt für Punkt ohne Rotation. Das Vorgehen ist analog zur Kantenzusammenfügung bei der Rekonstruktion des Torus. Während die Zusammenfügung von Paaren gegenüberliegender Kanten des Quadrats im dreidimensionalen Raum erfolgt, tritt die Zusammenfügung von Paaren gegenüberliegender Flächen des massiven Würfels in der vierten Dimension auf. Wir können T^3 als eine Sequenz von Torus T^2 sehen, die um eine Sphäre S^1 herumgeht. Es gilt: $T^3 = S^1 \times S^1 \times S^1$.

So wie ein Torus eine geschlossene Fläche ist, die den dreidimensionalen Raum in zwei Regionen teilt, eine innere und eine äußere, ist der 3-Torus eine Hyperfläche, die den vierdimensionalen Raum in zwei Regionen teilt. So wie das Universum von Pac-Man eine Fläche in torischer Form ist, könnte unser Universum die Form eines 3-Torus haben. Tatsächlich schlug der russische Astrophysiker Alexei Starobinsky 1984 ein kosmologisches Modell vor, in dem er das postulierte.

Wir wollen nun sehen, wie man einen Spaziergang durch das 3-toroidale Universum mit dem dreidimensionalen massiven kubischen Modell darstellen kann, wobei zu beachten ist, dass der Spaziergang im vierdimensionalen Raum stattfindet.

Unser geschlossener Pfad beginnt an einem Punkt a an der Basis des Würfels (Abb. 7.24). Aufgrund der Zusammenfügung gegenüberliegender Flächen liegt der Punkt a auch auf der oberen Fläche. Unser Pfad geht nach Osten zum Punkt b durch diese Fläche hindurch, und so erscheinen wir wieder am westlichen Punkt b. Dann gehen wir zum Punkt c auf der Rückseite und erscheinen wieder am gleichen Punkt c auf der Vorderseite. Zuletzt enden wir wieder am Punkt a.

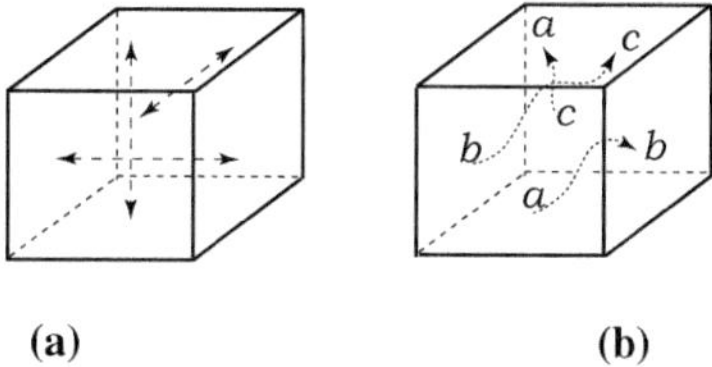

(a)   (b)

Abb. 7.24 3-Torus

Manipulationen mit Fundamentalpolygonen führen zu Darstellungen neuer Flächen. Drehen wir beispielsweise im quadratischen Modell eine Kante um 180°, bevor wir sie mit der gegenüberliegenden Kante zusammenfügen, und haben wir eine direkte Zusammenfügung des anderen Paares von Kanten durchgeführt, erhalten wir eine Kleinsche Flasche anstelle eines Torus. Analog dazu können wir ein Paar gegenüberliegender Flächen eines massiven Würfels nach einer 180°-Drehung zusammenfügen, die anderen beiden Paare von Flächen direkt ohne Drehung. Dies resultiert in einem dreidimensionalen Objekt ohne Grenze, das als eine Sequenz von Kleinschen Flaschen K^2 gesehen werden kann, die um eine Sphäre S^1 herumgehen. Es gilt: $K^2 \times S^1$.

Wir haben gesehen, dass ein Bewohner der zweidimensionalen Welt in Form des Möbiusbandes beim Folgen eines verwirrenden Pfades zum Ausgangspunkt zurückkehrt und in sein Spiegelbild verwandelt ist. Was könnte uns passieren, wenn wir geradeaus auf einem verwirrenden Pfad in $K^2 \times S^1$ reisen und wieder dorthin zurückkehren, wo wir losgegangen sind?

Mehr zu diesem Thema finden Sie in dem ausgezeichneten Buch *The Shape of Space* von Jeffrey Weeks [6].

7.4   Ein Modell des Universums

Im frühen 20. Jahrhundert zeigte Einstein, dass die Gravitation massereicher Himmelskörper den Weg des Lichts verändert, die Zeit beeinflusst und die Form des Universums bestimmt. Auf der Grundlage seiner Allgemeinen Relativitätstheorie schlug er ein hypersphärisches Modell des Universums mit einer nicht-euklidischen Geometrie vor.

Hundert Jahre später führten Jeffrey Weeks und Jean-Paul Luminet Gruppen von Mathematikern und Astronomen an, die versuchten, geometrische Aspekte des Universums zu beschreiben. Einige nennen diesen Bereich der mathematischen Physik *Kosmische Topologie*.

Die platonische Spekulation eines dodekaedrischen Universums fand Unterstützung in den wissenschaftlichen Daten dieser Gruppen, wie der Artikel von Jean-Paul Luminet et al. bestätigt [4].

Daten und Messungen des WMAP-Satelliten, der Mikrowellen untersucht, die kurz nach der Entstehung des Universums erzeugt wurden, bestätigen die Vermutung eines dreidimensionalen Universums, das endlich in der Größe und ohne Grenze ist, also eine Hyperfläche basierend auf dem Dodekaeder darstellt!

Die Idee Luminets und seiner Mitautoren wird durch Analogie mit einer dodekaedrischen Kachelung der Sphäre gestützt. Zunächst wird ein Dodekaeder betrachtet, das aus zwölf fünfeckigen Flächen besteht, die von einer Sphäre umschrieben werden. Dann wird das Dodekaeder aufgeblasen, und die Sphäre wird mit zwölf gekrümmten Fünfecken gekachelt. Um unser dreidimensionales Universum ohne Grenze zu modellieren, betrachteten die Autoren eine 120-Zelle, die von einer Hypersphäre umschrieben wird. Dann wird die 120-Zelle aufgeblasen und wird zu einer dreidimensionalen Kachelung der Hypersphäre. Nach Ansicht der Autoren wäre dies die mögliche Form unseres Universums (Abb. 7.25).

Abb. 7.25 Nature 2003

Berechnet man den Durchmesser dieses Modells, erhält man spektakuläre 30 Milliarden Lichtjahre. Einige Artikel in der Zeitschrift *Nature*, wie der oben genannte, sind unglaublich – bis zu dem Punkt, dass die Hypothesen nicht viele Jahre standhalten (Abb. 7.26).

Im August 2016 wurde im Fernsehen die Entdeckung eines Planeten gemeldet, dessen Größe sehr ähnlich der der Erde ist. Er wurde Proxima Centauri b genannt und umkreist den Stern Proxima Centauri, den zur Erde nächstgelegenen Stern, der mit den zwei Sternen Alpha Centauri A und B ein Dreifachsystem bildet. Die Entdeckung wurde u.a. in einem Artikel in der Zeitschrift *Nature* beschrieben. Sie ist sehr ermutigend.

Nachdem wir alles getan haben, um unseren Planeten immer unbewohnbarer zu machen, scheint uns eine neue Heimat angeboten zu werden. Sie ist allerdings weit von uns entfernt, mehr als 4 Lichtjahre. Man schätzt, dass nuklear angetriebene Raumschiffe, die bis jetzt nur in der Theorie existieren, mindestens 100 Jahre brauchen würden, um den neuen Planeten zu erreichen.

Im November 2012 hatte *Nature* bereits einen ähnlichen Artikel von elf europäischen Astronomen veröffentlicht, der von der Entdeckung eines Planeten mit einer Masse ähnlich der Erdmasse berichtete, der den Stern Alpha Centauri B umkreist. Diese Entdeckung wurde jedoch von einigen Astronomen angezweifelt, da sie Fehler in den Schlussfolgerungen des Artikels fanden. Der Artikel von 2016 hat jedoch 31 Autoren, was darauf hindeutet, dass die Entdeckung wahrscheinlich Bestand haben wird.

Abb. 7.26 Nature 2016

Das Universum ist so immens, dass es unveränderlich erscheint, und dass die Dauer eines Planeten wie der Erde nur ein Kapitel, weniger als das, ein Satz, noch weniger, nur ein Wort der Geschichte des Universums ist, schrieb, schrieb Camille Flammarion 1894 in seinem Buch *La Fin du Monde.*

Literatur

1. Einstein, Albert; *Geometrie und erfahrung*, Springer (1921). English translation https://maths-history.st-andrews.ac.uk/Extras/Einstein_geometry/
2. Flammarion, Camille; *L'atmosphère: météorologie populaire*, Hachette Livre 1888
3. Gaffney, L. P. et al.; *Studies of pear-shaped nuclei using accelerated radioactive beams*, Nature 497, 199–204 (2013).
4. Luminet, J.-P. et al.; *Dodecahedral space topology as an explanation for a weak wide-angle temperature in the cosmic microwave background*, Nature 425, 593–595 (2003).
5. Peterson, Mark; *Dante and the 3-sphere*, American Journal of Physics 47, 1031–1035 (1979).
6. Weeks, Jeffrey; *The shape of space*, CRC press 2001.

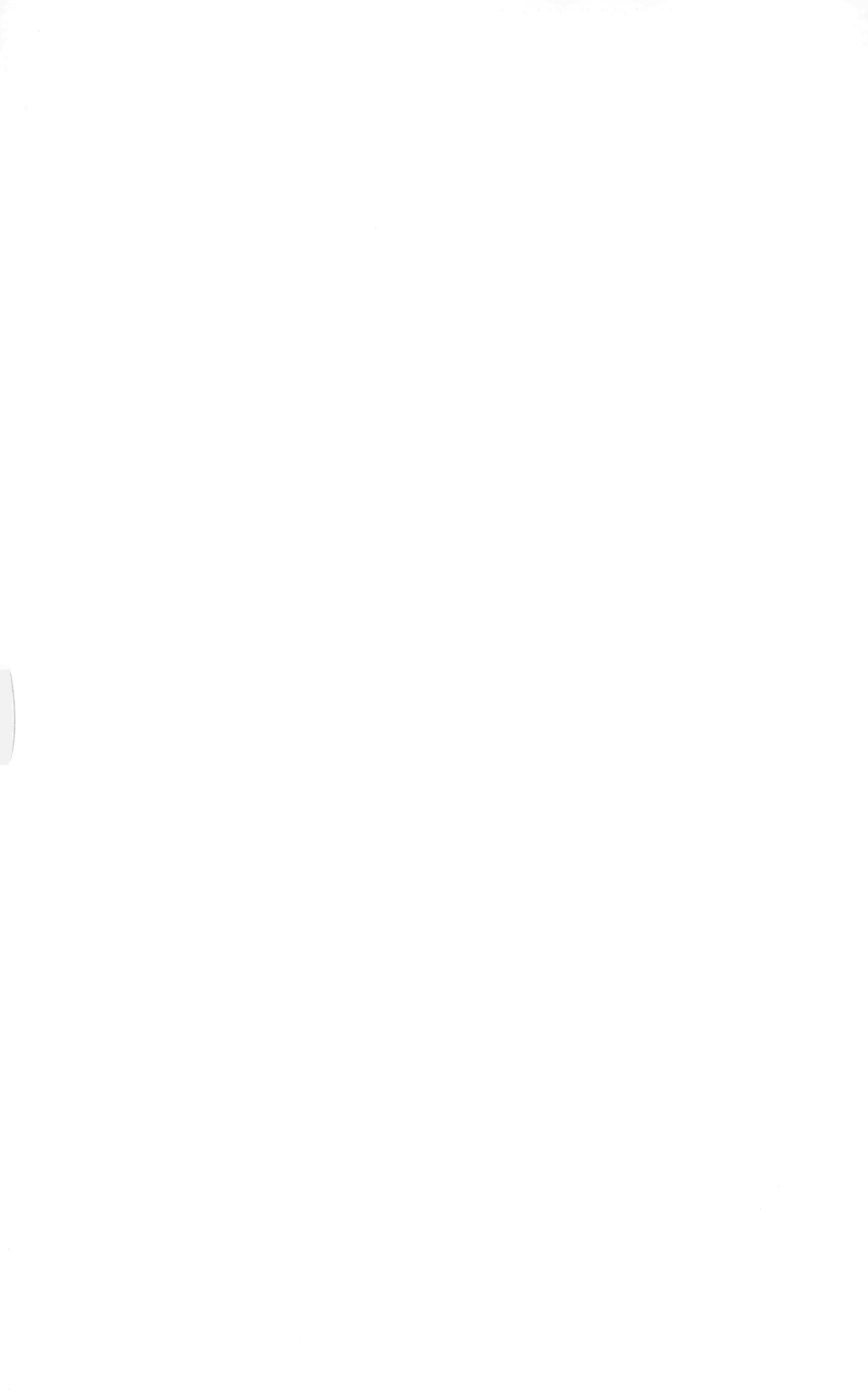

Printed by Printforce, the Netherlands